青少年学
Python 编程

配套视频教学

龙豪杰 编著

U0345389

清华大学出版社

北京

内容简介

Python已经进入很多初高中教材，本书正是专为青少年编程倾心打造的一本书，旨在帮助广大青少年更好、更快地入门Python编程，为以后的兴趣爱好奠定基石。

本书分为13章，从Python第一个例子hello world开始，重点讲解基本数据类型、分支结构、循环结构、列表、字典、元组、函数和抽象类，以及游戏设计、文件读写和异常处理等内容。学生学完之后能掌握Python编程方法并独立做一些Python项目。

本书内容详尽、示例丰富，是广大Python入门读者必备的参考书，适合作为中小学的Python编程教材，也可供青少年编程机构的师生教学使用。

图书在版编目（CIP）数据

青少年学Python编程：配套视频教学/龙豪杰编著. — 北京：清华大学出版社，2020.4
ISBN 978-7-302-55212-3

Ⅰ. ①青… Ⅱ. ①龙… Ⅲ. ①软件工具－程序设计－青少年读物 Ⅳ. ①TP311.561-49

中国版本图书馆CIP数据核字(2020)第046740号

责任编辑：夏毓彦
封面设计：王　翔
责任校对：闫秀华
责任印制：丛怀宇

出版发行：清华大学出版社
　　　　　网　　址：http://www.tup.com.cn，http://www.wqbook.com
　　　　　地　　址：北京清华大学学研大厦A座　　　　邮　编：100084
　　　　　社 总 机：010-62770175　　　　　　　　　　邮　购：010-62786544
　　　　　投稿与读者服务：010-62776969，c-service@tup.tsinghua.edu.cn
　　　　　质量反馈：010-62772015，zhiliang@tup.tsinghua.edu.cn
印 装 者：三河市铭诚印务有限公司
经　　销：全国新华书店
开　　本：170mm×240mm　　　印　张：11.25　　　字　数：252千字
版　　次：2020年5月第1版　　　　　　　　　　　印　次：2020年5月第1次印刷
定　　价：59.00元

产品编号：085900-01

前 言

读懂本书

还在寻找帮助孩子提升编程技能的书吗

在众多的 Python 编程书籍中，看不懂、学不会是孩子学习编程的拦路虎，编程的书籍一定要以详细、透彻为主，化抽象为具体，让孩子能迅速上手编程，只有这样才能培养兴趣并继续学习下去。

全世界的青少年都在学习编程

芬兰的教育部长说过："在未来，如果你的孩子懂编程，他就是未来世界的创造者，如果他不懂，他只是使用者"。

我们学习编程的目的不是让孩子成为程序员，而是让孩子具备改变世界的能力，尤其是人工智能时代发展的今天，掌握一项编程能力已经成为标配，在国外超过 24 个国家将编程作为最基础的学科，并且都已经把编程教育纳入 K12 的课程大纲以及教学场景。

我国现在开始重视青少编程，提出了推动青少年编程的相关文件，把青少年编程列入中小学的课程学习内容中去，很多学校和机构都开设了青少年编程学习班。

编程为什么要学 Python

Python 是一种计算机语言，最初被设计用来编写自动化脚本。现在 Python 的功能日益凸显，它凭借着简单而又强大的功能，迅速在当今的人工智能时代火了起来，成为人工智能时代的第一语言。本书以基础的课程讲解为主，旨在夯实对 Python 基础的学习。虽然很多地方都开设了 Python 课程，但是想要持续性地开展下去却不是一件容易的事，一方面由于授课老师没有扎实的 Python 基本功，另一方面就是没有好的教材（教材是 Python 持续性开展下去的重要保证之一）。

本书真的适合吗

本书绝对不是记忆代码，而是在学习的过程中深刻理解为什么要这样写，从更深的层次理解代码编写的底层实现，有理有据，学起来不会模棱两可。本书可适合三年级学生，也可适合高中生入门 Python，学完之后可以参加一些关于青少年 Python 编程方面的竞赛。

本书涉及的技术

数据分类	分支条件语句	循环结构
GUI 图形化界面	列表	字典
函数	类与对象	海龟绘图
pygame 游戏	文件读写	异常处理

本书涉及的示例和案例

第一个程序 hello word　　图形化界面相关案例　各类排序算法案例

数据类型相互转化案例　　成绩奖励逻辑案例　循环执行案例

炫酷图形绘制案例　　　　pygame 最小游戏开发框架设计

本书特点

(1)课程针对性强，针对青少年编程和希望能更好地入门编程的新手打造，以培养兴趣为主。

(2)将难点简化、抽象的知识点具象，让每个人都能理解并吸收。小学生也能顺利入门。

(3)以教授方法和提升能力为主，不用记忆代码，让每个人都能读懂，并入门编程。掌握方法才能一通百通。

(4)贴近实际生活场景，帮助读者快速入门 Python 编程。

(5)学练结合，小节练习和章节练习有机融合在一起，让读者的知识更加牢固。

源码、课件与教学视频下载

本书配套源码、课件与教学视频下载请访问右边二维码。

如果下载有问题，请联系 booksaga@163.com，邮件主题为"青少年学 Python"。

本书读者

● 小学三年级以上的学生。

● Python 编程新手。

● Python 编程爱好者。

● 青少年编程培训机构的师生。

龙豪杰

2020 年 3 月

Contents

目 录

第 7 章　数据结构——字典

第 8 章　抽象的函数

龙豪杰

笔名老豪，毕业于广西贺州学院，目前担任优频课教育CEO，酷爱科技，热衷钻研；曾获得一系列专利成果，包括《一种适用于3D打印笔的画板》《一种3D打印材料接口制作工具》《一种卷纸器》《一种带有网格状尺寸的板材》等；研发了《手机应用开发App Inventor》《开源3D打印创意制造》《ScratchJr少儿创意编程》《Scratch编程+数学深度融合教程》《设计思维与Scratch的深度融合教程》《Python 3零基础到精通》《Python办公自动化Excel高薪课堂》《Python 3零基础到就业课程》等一系列创新课程，深耕编程培训教育15年，自创CRA教学法，深受学员好评！

第 1 章 走进 Python 的编程世界

本章将重点介绍 Python 3 编译环境的搭建、如何执行第一个例子 "hello world" 以及输入输出语句的使用。

1.1 认识 Python 编程语言

1.1.1 什么是 Python

在介绍 Python 语言之前，先来了解一下什么是计算机语言。人与人沟通使用的是自然语言，如果想要和计算机沟通，能使用自然语言吗？如果对着计算机说话，计算机是不知道你在说什么的。伟大的计算机工程师发明了很多种计算机语言，像 C、C++、Java 等，本书所介绍的 Python 语言也是计算机语言的一种。可以通过计算机编程的方式使运行在计算机上的程序具有一定的功能，以协助我们做一些事情，比如实现一个计算器的功能、制作一个网页等。

1.1.2 Python 语言的起源

Guido van Rossum
吉多·范罗苏姆

Guido van Rossum（吉多·范罗苏姆）在 1982 年获得阿姆斯特丹大学的数学和计算机科学的硕士学位。在 1982 年的圣诞节期间，为了打发无聊的圣诞节，他决定开发一种新的语言，由于他是 MontyPython 喜剧社团的爱好者，因此以 Python 命名了该语言。

Python 至今拥有将近 40 年的历史，一直被当作脚本语言使用，在人工智能发展的今天，Python 凭借着简单、强大的特点，终于火了！

1.1.3 为什么要学习 Python

大家应该都接触过图形化编程语言，比如 Scratch，积木式拼搭能够让我们在极短的时间内完成一个作品。如果我们想要实现更加复杂的功能，仅仅使用图形化编程是远远不够的，并且软件开发工程师使用的都是代码编程，所以我们要从小培养对代码编程的兴趣。

Python 语言简单易懂，接近英语表达，非常适合青少年初学者。Python 语言虽然简单，但功能却非常强大！

让我们一起走进 Python 编程的世界吧，这里好玩又有趣！

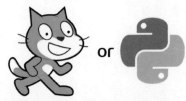

1.2 安装 Python 3

1.2.1 认识 Python 的版本

我们先来了解一下 Python 版本。软件版本一直在更新迭代、在不断升级，比如 Python 2 和 Python 3 就有非常大的变化，完全不兼容；

Python 3.7 是对 Python 3.6 的升级；Python 3.7.3 是对 Python 3.7 的升级，但升级幅度没有那么大。大家明白版本是怎么回事了吧？

本书中所介绍的版本是 Python 3.7.3。

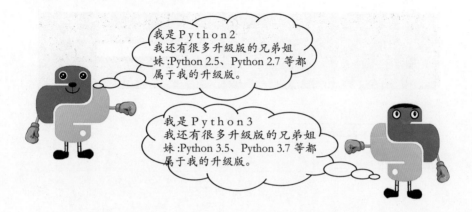

1.2.2 Python 的 Windows 系统下载安装

这里先介绍微软 Windows 系统的安装方式。首先进入 Python 官网（https://www.python.org/），然后选择对应版本进行下载。

步骤 01 打开官网，将鼠标移动到 Downloads 菜单项，出现下拉菜单，如图 1.1 所示。根据计算机系统选择对应的平台，这里以 Windows 系统为例。

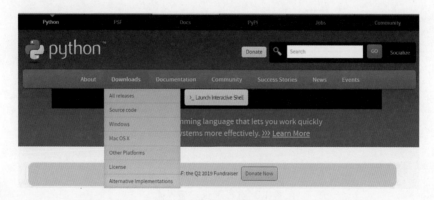

图 1.1 Python 官网页面

步骤 02 单击 Windows 选项之后，会出现如图 1.2 所示的界面，"Python Release for Windows" 指 Windows 系统的正式版本；"Latest

Python 3 Release -Python 3.7.3"指 Python 3 最终正式版为 3.7.3;
"Latest Python 2 Release-Python 2.7.16"指 Python 2 最终正式版是
2.7.16,单击 3.7.3 的版本进行下载。

图 1.2 Python 下载

步骤 03 图 1.3 中,框 1 是 macOS 系统,要根据计算机的系统版本进行选择,单击蓝色链接进行下载。框 2 表示 64 位 Windows 系统可以下载安装。框 3 表示 32 位 Windows 系统可以下载安装。在 Windows 框中,有 3 个文件:第 1 个文件,可以直接下载文件包,不需要安装,所有的编译环境都在文件包中;第 2 个文件,下载安装文件即可安装;第 3 个文件,下载安装文件,安装的过程中会自动从网页下载文件。推荐下载第 2 个文件。

Files

Version	Operating System	Description	MD5 Sum	File Size	GPG
Gzipped source tarball	Source release		2ee10f25e3d1b14215d56c3882486fcf	22973527	SIG
XZ compressed source tarball	Source release		93df27aec0cd18d6d42173e601ffbbfd	17108364	SIG
macOS 64-bit/32-bit installer	Mac OS X	for Mac OS X 10.6 and later	5a95572715e0d600de28d6232c656954	34479513	SIG
macOS 64-bit installer	Mac OS X	for OS X 10.9 and later	4ca0e30f48be690bfe80111daee9509a	27839889	SIG
Windows help file	Windows		7T40b11d249bca16364f4a45b40c5676	8090273	SIG
Windows x86-64 embeddable zip file	Windows	for AMD64/EM64T/x64	854ac011983b4c799379a3baa3a040ec	7018568	SIG
Windows x86-64 executable installer	Windows	for AMD64/EM64T/x64	a2b79563476e9aa47f11899a53349383	26190920	SIG
Windows x86-64 web-based installer	Windows	for AMD64/EM64T/x64	047d19d2569c963b8253a9b2e52395ef	1362888	SIG
Windows x86 embeddable zip file	Windows		70dfJl1e7h0c1b7042aabb5a3c1e2fbd5	6526486	SIG
Windows x86 executable installer	Windows		ebf1644cdc1eeeebacc92afa949cfc01	25424128	SIG
Windows x86 web-based installer	Windows		d3944e218a45d982f0abcd93b151273a	1324632	SIG

图 1.3 选择下载安装界面

步骤 04 Python Windows 系统安装文件下载之后,双击 exe 可执行文件进行安装,会弹出图 1.4 所示的窗口,单击 Install Now 链接,同时勾选 Add Python 3.7 to PATH 复选框。

图 1.4 开始安装

步骤 ⑤ 出现安装进度条，如图 1.5 所示。

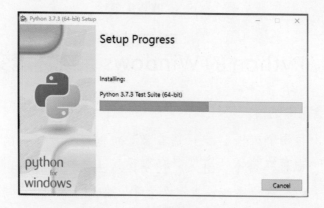

图 1.5 安装进度

步骤 ⑥ 出现 Setup was successful 提示界面，如图 1.6 所示，说明已经安装成功。

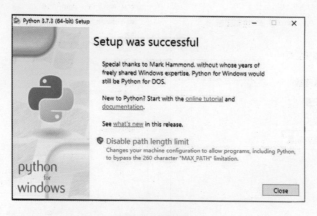

图 1.6 安装成功

步骤 07 安装成功之后，需要验证一下软件能否运行。按 Windows+R 组合键，在弹出的对话框中输入"cmd"，再按 Enter 键，进入命令行操作窗口。输入"python"命令，如果出现图 1.7 所示的界面提示，就说明软件安装成功并且能正常运行，否则需要配置环境变量，这将在下一小节介绍。

```
管理员: C:\Windows\system32\cmd.exe - python
Microsoft Windows [版本 10.0.17763.475]
(c) 2018 Microsoft Corporation。保留所有权利。

C:\Users\Administrator>python
Python 3.7.3 (v3.7.3:ef4ec6ed12, Mar 25 2019, 22:22:05) [MSC v.1916 64 bit (AMD64)] on win32
Type "help", "copyright", "credits" or "license" for more information.
>>>
```

图 1.7 输入"python"命令

1.2.3 Python 的 Windows 系统环境变量配置

配置环境变量的目的是让我们更好地打开软件。

步骤 01 右击"计算机"（或"我的电脑"）图标，在弹出的快捷菜单中单击"属性"命令，进入"控制面板主页"对话框，接着选择左侧列表的"高级系统设置"列表项，如图 1.8 所示。

步骤 02 进入"系统属性"对话框，选择"高级"选项卡。单击"环境变量"按钮，如图 1.9 所示。

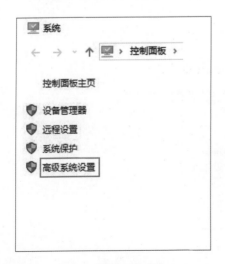

图 1.8 控制面板主页

图 1.9 "高级"选项卡

步骤 03 进入图 1.10 所示的"环境变量"对话框，双击"系统变量"中的"Path"列表项，再单击"编辑"按钮，打开"编辑环境变量"对话框，如图 1.11 所示。此时单击"新建"按钮，先不做任何输入。

步骤 04 从开始菜单找到所安装的 Python 3.7，将"IDLE(Python3.7 64-bit)"文件拖曳到桌面上，右击该文件，在弹出的快捷菜单中选择"打开文件夹所在位置"命令，将鼠标指针放到地址栏上，如图 1.12 所示。将地址复制粘贴到图 1.13 所示的新建环境变量里。

步骤 05 保存并关闭所打开的面板，重新在命令行输入"python"，若出现图 1.7 所示的内容，则说明安装成功。

图 1.10 环境变量

图 1.11 新建环境变量

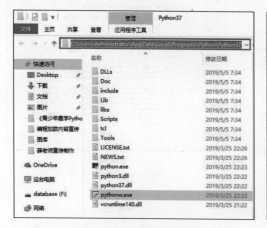

图 1.12 找到安装路径

图 1.13 配置好 Python 环境变量

1.2.4 Python 的 Mac OS X 系统下载安装

我们在前面讲解了 Windows 系统的详细下载安装方法，其实 Mac OS X 系统的下载方式是一样的。Mac OS X 有两种不同的安装程序，下载哪一个取决于安装苹果 OS X 的版本是什么。

如果 Mac OS X 版本介于 10.6 和 10.9 或者更低，就下载 "macOS 64-bit/32-bit installer"。

如 果 Mac OS X 版 本 是 10.9 或 者 更 高， 就 下 载 "macOS 64-bitinstaller"。文件下载之后的扩展名是 .dmg。

使用 python 命令查看系统默认版本，OS X 默认安装 2.7.10，系统很多 lib 都是基于 Python 2.7 的，因此建议不要卸载。两个版本同时存在也是没有问题的。安装 Python 3 的步骤如下：

步骤 01 执行安装文件，出现图 1.14 所示界面，单击"继续"按钮。

步骤 02 要安装软件，必须先同意许可协议中的条款，如图 1.15 所示。

步骤 03 Mac 中的安装需要输入用户名和密码，如图 1.16 所示。

步骤 04 单击"安装软件"按钮，直到安装完成，如图 1.17 所示。

步骤 05 安装完成之后在程序面板中找到 Python 3.7 中的 IDLE 就可以进行
编程了，如图 1.18 所示。

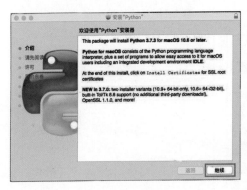

图 1.14 安装首页

图 1.15 同意许可

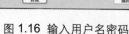
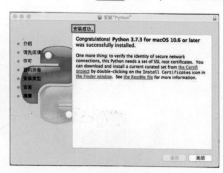

图 1.16 输入用户名密码   图 1.17 安装成功

图 1.18 找到 IDEL

1.3 编写第一个 Python 程序

我们后面的课程都使用 Windows 系统进行操作演示。选择左下角的开始菜单，然后拖曳"Python 3.7 → IDLE"文件到桌面上，方便我们打开。双击该文件即可开启 Python 软件，如图 1.19 所示。

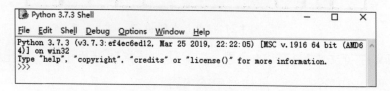

图 1.19 打开 IDEL

单击 File → Newfile 菜单创建一个文件，保存在桌面上，文件名使用英文单词命名（使用拼音也可以，但不能使用中文）。接着调整一下编辑代码字体大小，在菜单栏依次单击 Options → Configure IDLE → Size → Apply 按钮。

我们在编程的过程中经常会进行输入法的切换，如图 1.20 所示。在这里推荐安装搜狗输入法，非常好用。按键盘左下角的 Shift 键（部分键盘名字不同，如图 1.21 所示）就可以切换输入法。中英文的输入差别非常大，英文状态的逗号、句号和中文状态下的逗号、句号完全不同。

图 1.20 注意输入法的切换

图 1.21 键盘上的 Shift 键

print 在英文中是打印的意思，在编程中特指让计算机执行输出命令，那么输出什么内容呢？就是括号中的内容。

如何输入英文状态下的小括号呢？按住 Shift 键，同时按住键盘上部的数字"9"和"10"键。

双引号也需要切换到英文状态下，按住 Shift 键，然后按两次双引号按键。基本的输入法大家需要灵活掌握，这是编程的基础。在以后的编程中一点一点积累，以达到熟练的地步。

编写完成之后，就可以运行程序了。单击菜单栏中的 Run → Run Module F5 选项就可以运行程序了，或者直接使用快捷键 F5 也会实现同样的效果。代码如果没有错误，shell 面板就会输出 "hello world"。

1.4 print 与 input（输出与输入）

1.4.1 使用 print 输出

在 Python 编程中 print 是关键词。关键词就是编程语言中内置的、起一定作用的限定词。Python 语言常用的关键词有 30 个左右。在编程中 print 的功能是将 print() 小括号的内容输出到控制台。小括号中的内容必须使用 Python 规定的数据类型，不然会报错。比如：print（hello world）就会报错，因为括号中的内容不属于任何数据类型，如果加上双引号或者单引号，说明是字符串类型，就不会报错了。关于数据类型，后面的课程还会介绍。

> 同学们，你们可以把 print() 理解成打印机。打印机具有打印输出的功能，print() 也有打印输出的功能，只是将数据输出到控制台。

尝试输出下列字符串、计算公式、笑脸到控制台。

```
print("hello world")
print(23+355)
print("^0^")
print("*_*")
```

1.4.2 使用关键字 input

在 Python 编程中 input 属于关键词。input 的英文意思是输入，在编程中 input() 的功能是让用户执行输入的命令，并且获取（返回）所输入的数据。

---

input()

input() 是一个函数。函数可以理解成具有一定功能的代码块。就像 Scratch 图形化编程一样，每一块积木都有特定的功能。按 F5 键运行 input() 函数，将弹出 shell 文件，输入任意数据，那么 input() 就会动获取所输入的数据，并会返回一个数据。所以也可以把 input() 直接放进 print() 括号里，比如：print(input())。

```
string=input()
print(string)
```

通过 input() 函数获取所输入的数据，将输入的数据赋值给变量 string。关于变量，后面的课程会做详细讲解。变量分为 3 部分：变量名、赋值符号、数据。这个变量可以命名为 string，也可以取其他名字。"=" 是赋值符号。input() 函数获取所输入的数据，就是变量的值，三者缺一不可。将所输入的数据赋值给 string 变量，当打印输出 "string" 的时候，也就是打印所输入的数据。

```
string=input("请输入你的成绩")
print(string)
```

执行上面的代码，在打印输出的时候，给出一个提示 "请输入你的成绩"。

1.4.3 文件的创建、保存与打开

Python 所保存的文件名是不能直接双击打开的，如果双击打开就会出现闪退现象。我们要使用 shell 编辑器打开文件，单击 shell 菜单栏的 File → Open 命令之后找到文件的所在地址，将后缀名为 py 的文件打开。

helloworld.py

我们也可以使用 shell 编辑器编写非常简单的代码。在 shell 文件中，3 个大于号表示提示输入符，如图 1.22 所示。输入代码，然后按 Enter 键就可以运行了。不建议在 shell 中编写代码。shell 在英文中的意思是外壳，在编程中也没有特殊的含义，在运行文本结果的时候会使用到。使用 shell 编辑的代码很难再修改，所以一般不使用 shell 编写代码，而是使用 shell 所创建的文本编写代码。

```
Python 3.7.3 Shell                                            —  □  ×
File  Edit  Shell  Debug  Options  Window  Help
Python 3.7.3 (v3.7.3:ef4ec6ed12, Mar 25 2019, 22:22:05) [MSC v.1916 64 bit (AMD6
4)] on win32
Type "help", "copyright", "credits" or "license()" for more information.
>>>
=========== RESTART: C:/Users/Administrator/Desktop/helloworld.py ===========
hello world
>>> |
```

图 1.22 表示输入的 3 个 >>>

1.5 回顾总结与挑战赛

我们已经走进编程的大门！本章我们已经学会如何在官网上下载 Python 安装文件、如何进行安装，以及解决安装过程中的环境变量问题，最重要的是学会了如何编写第一个例子 hello world 代码。在此提醒大家，在学习的过程中要善于总结、善于思考才能不断取得进步，未来的人工智能在向我们招手呢！

1.6 | 大牛挑战赛

判断下列哪些符号是英文状态下的符号、哪些是中文状态下的符号，并指出哪些语句是正确的、哪些是错误的。

" " " "	() （）	, ，

print(hello world)　　☐　　print(182)　　☐
print("hello world")　☐　　input(请输)　　☐
print('hello world')　☐　　print("182")　☐

请使用 input() 和 print() 这两个函数设计一个场景，编写对话。

第 **2** 章　如何给数据分家

　　本章将重点学习 Python 3 常见的数据类型表示方法，熟悉常量和变量的使用。

2.1　数据类型

2.1.1　认识数据类型

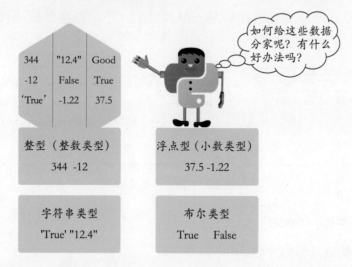

整型（**int**）

　　整型数据就是小学数学所讲的整数类型，包含正整数、负整数和 0。

浮点型（float）

浮点类型可以理解为小数类型。小数类型的表示方法比较多，不能单纯理解为有小数点的都是浮点类型。比如：0.002 和公式 $2*10^{-3}$ 和 $2*e^{-3}$ 都是等价的，可以相互转化，给人感觉小数点好像在漂浮一样，所以叫作浮点型。

字符串类型（str）

凡是加单引号或者是双引号的都是字符串类型（英文状态下的单、双引号），在其他的语言编程中，有的程序员喜欢使用单引号，有的程序员喜欢使用双引号，所以 Python 就保留了程序员的编程习惯。单、双引号在表示字符串的时候是没有区别的，但在以下情况下需要使用转义符。

使用 print() 时，如果输出内容带有双引号或者是单引号需要使用转义符号：第 1 个语句 I am "apple" 里面的双引号仅仅起到语法双引号的意思，但是计算机是识别不到的，计算机会把它当成字符串的功能，所以我们要在双引号前面增加 "\" 表示转义。同时为了增加代码的可读性，将已经有双引号的字符串在外面使用单引号。第 2 个语句 I'm Tony 也是同一个道理。Python 中的关键字使用橙黄色表示、函数使用紫色表示、字符串使用绿色表示，所以看上去代码是五颜六色的（不同颜色的代码代表不同的代码类型），如图 2.1 所示。

```
*dd.py - C:/Users/Administrator/Desktop/dd.py (3.7.3)
File Edit Format Run Options Window Help
print('I am \"apple\" ')
print("I\'m Tony")
```

```
Python 3.7.3 Shell
File Edit Shell Debug Options Window Help
Python 3.7.3 (v3.7.3:ef4ec6ed12, Mar 25 2019, 22:
4)] on win32
Type "help", "copyright", "credits" or "license()
>>>
================ RESTART: C:/Users/Administrator/D
I am "apple"
I'm Tony
>>> |
```

图 2.1 五颜六色的代码

布尔类型（bool）

布尔类型只有两个值 True 和 False：True 代表真的意思，False 代表假的意思。比如，今天是星期天，只有两种可能：要么是 True，要么是 False。2>3 是 False，反之就是 True。

2.1.2 查看数据类型

使用 type() 函数，查看数据类型。使用方法：type(数据）。当我们运行它的时候，不会显示任何信息，因为我们没有将 type 函数所返回的值输出。所以使用 print 函数将信息输出。尝试输出图 2.2 所示的数据类型信息。

图 2.2 输出数据类型

上面列举了一个例子：输出的结果为 <calss 'int'>，int 代表整型数据，从数据类型的判断可以看出 true、True、"True" 是完全不同的类型。

2.1.3 数据类型转换

'22' 是一个字符串类型，因为它有单引号，如果将这个字符串类的单引号去掉，它就变成了整型数据。如果这个字符串是 'abc'，将它的单引号去掉后它就不是数据类型了。这就是数据类型的转换，必须在理论上行得通。那么如何进行数据类型的转换呢？

> int（数据）
>
> 例如：number=int("25")，代表的意思是将字符串 "25" 强制转换为整型数据，并返回一个值，将这个返回值再赋给 number，此时 number 的值就为 25 了。
>
> 下面使用常见的爆米花机进行类比，以便理解。int() 是一个函数，就好比爆米花机，括号中的参数就好比所提供的玉米材料，数据转化的过程就好比经过加热处理的过程，返回值就好比爆米花。理论上是可以转换的。如果 number=int("abc") 就会出现错误提示，就好比在爆米花机里面放入土豆，它是不能加工成爆米花的。

number=int（"25"）　　　　number=int（"ABC"）✕

爆米花＝加热处理（玉米）　爆米花＝加热处理（土豆）✕

float（数据）：将数据强制转换为浮点型。
str（数据）：将数据强制转换为字符串类型。

以上两个强转方式和 int（数据）强转方式一致。

```
number=input("请输入数字")
print(type(number))
number=int(number)
print(type(number))
```

（1）获取用户所输入的数据，将数据赋值给变量。
（2）查看变量数据类型，并输出。
（3）将数据类型转换为整型，并输出数据类型。

2.2 │ 认识变量和常量

2.2.1 认识变量

在生活中我们会将水果放进果盘里，这是存放物品的一种方式。在编程中将数据放在哪里呢？我们将数据放在变量里，这是储存数据的一种常见方式。

变量是用来储存数据的值，比如"munber＝100"就是将整型数据"100"赋值给"number"，其中"number"是变量名、"＝"是赋值符号、"100"是变量的值。一个变量的表示形式为：变量名 = 变量值。

变量名的命名规则：只能由数字、字母、下划线组成，比如 number_1、tf_boys3、__init__，但是不能以数字开头。

水果盘 = 水果

number =100

变量名 = 数值

在这里"＝"不是等号，而是赋值符号，将值赋给变量。可以把变量理解成一个容器，也可以理解成标签，"100"的标签就是 number。

先估算程序输出的结果，再使用计算机输出一遍。

```
str="abc"        x=120          a=300
str2 =str        x=120+10       b=400
str ="ABC"       y=x            a,b=b,a
print(str)       print(x)       print(a)
print(str2)      print(y)       print(b)
```

2.2.2　认识常量

常量指不经常发生变化的量，一般使用大写字母表示，比如 π 的值、一天有 24 小时、一小时有 60 分钟，这些值一般不会发生变化，所以叫作常量。如何定义这些常量呢，比如"PI=3.1415926""DAY=24"。常量一般使用大写字母表示，并不是真的不能改变，而是程序员思想上已经形成的习惯，只要使用大写字母表示，它就是常量。

2.3　大牛挑战赛

1. 设计一个程序，友好地询问学生姓名、性别、年龄、年级、QQ 号，并将信息输出。

2. 将以下数据按照基本数据类型分类，指出它属于哪种数据类型，为什么？

563	"11.8"	Good
-12	False	True
'True'	-10.22	37.5

step1：获取用户所输入的数据，将数据赋值给变量。

step2：查看变量数据类型，并输出。

step3：将数据类型转换为可以转换的类型，并输出数据类型。

第3章 分支结构

本章将重点学习基本数学运算、与或非语句、if-else 条件判断、嵌套条件判断、elif 的由来。

3.1 基本运算

基本运算就是数学课程中所讲解的加、减、乘、除，但是在编程中基本运算不仅仅包含这些。究竟有哪些运算符呢？让我们一起了解一下吧！

运算符	描述功能
+ -	加减运算符和数学中的运算是一样的，比如：a=100、b=20，求 c=a+b
* /	乘除运算和数学中的运算也是一样的。但是在编程中乘号使用"*"表示，在英文状态下，按住 Shift 键＋带有星号的数字 8 就输入了"*"；除号使用"/"表示，切换输入法为英文状态，按带有斜杠的按键就输入了"/"
=	编程中的"="和数学中的"="是完全不一样的概念：数学中的"="表示两个数值大小相同，而编程中的"="是指为变量赋值
= =	两个等号表示等号前后的两个值是否相同，叫作恒等。比如"2==3"，可读作"2是否恒等于3"，结果为 Flase，因为 2 和 3 的值不相同
! =	一个感叹号加一个等号，表示不等的意思，前后两个数据不同，例如 2!=3，结果就是 True。因为 2 和 3 是两个不一样的数值
>	编程中的">"和数学中的">"是完全一样的概念，例如 4>5 的结果就是 False，4<5 则为 True

（续表）

运算符	描述功能
<	编程中的 "<" 和数学中的 "<" 是完全一样的概念，例如 23<45 的结果就是 True，23>45 则为 False
>=	编程中的 ">=" 和数学中的 ">=" 是完全一样的概念，例如 23>=23 的结果就是 True，包含比较数本身，两个符号之间不能有空格
<=	编程中的 "<=" 和数学中的 "<=" 是完全一样的概念，例如 23<=23 的结果就是 True，包含比较数本身，两个符号之间不能有空格
%	百分号代表取余数的意思，比如 5/3 的商为 1 余数为 2，那么 5%3 的结果就是 2，取的是百分号前后两个数值相除的余数，专业名字叫取模。切换英文状态，然后按住 Shift 键，同时按住 "5 %" 按键，就输出了取模符号
**	4**2 表示两个 4 相乘的结果，6**8 表示 8 个 6 相乘的结果。星号后面的数字叫作指数，星号前面的数字叫作底数。两个星号的专业名字叫幂。

随堂小练习

判断公式执行的结果是 True 还是 False，可以使用计算机 Python IDLE 辅助运算，在矩形方框里填上结果。

3/2==1		3%2==True	
3%2==1		1==True	
3>2		3 !=2	
(3>2)==True		(3 !=2)==True	
3-2==True		3**2==6	
3*2==True		0==False	

注意，在编程中 True 等价于 1，False 等价于 0，所以 False==0 的结果是 True，True==1 的结果也为 True。如果有两个以上的判断，要用 "()" 指出先判断哪一个，比如 "(3>2)==True"，运算不需要加小括号，比如 "3-2==True"，先运算再判断即可。

总结

学习的过程就是不断总结的过程，总结梳理过之后思路就会非常清晰，希望大家多做总结。

3.2 与或非语句

与或非是逻辑连接词：与使用 and 表示，或使用 or 表示，非使用 not 表示。

- 与（and）：同真为真，一假则假。
- 或（or）：同假则假，一真即真。
- 非（not）：非真即假，非假即真。

这里的真与假分别指的是布尔类型 True 和 False。

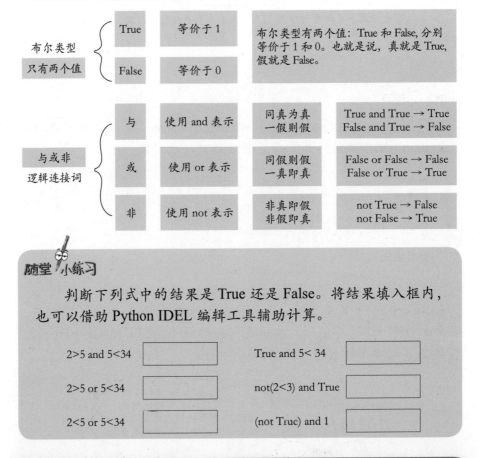

布尔类型 只有两个值	True	等价于1	布尔类型有两个值：True 和 False，分别等价于 1 和 0。也就是说，真就是 True，假就是 False。
	False	等价于0	

与或非 逻辑连接词	与	使用 and 表示	同真为真 一假则假	True and True → True False and True → False
	或	使用 or 表示	同假则假 一真即真	False or False → False False or True → True
	非	使用 not 表示	非真即假 非假即真	not True → False not False → True

随堂小练习

判断下列式中的结果是 True 还是 False。将结果填入框内，也可以借助 Python IDEL 编辑工具辅助计算。

2>5 and 5<34		True and 5< 34	
2>5 or 5<34		not(2<3) and True	
2<5 or 5<34		(not Truc) and 1	

3.3 if-else 语句

每次考试，爸爸妈妈总是会根据考试的分数赠送小礼物；或者每当想要一个礼物时，爸爸妈妈总会有条件。例如，数学考试成绩高于 90 分，就会赠送一套 Python 学习教程，否则赠送一支铅笔。

参看图 3.1 所示的程序流程图（流程图是使用图形表示程序思路非常好的一种方法，因为一图胜千言）。

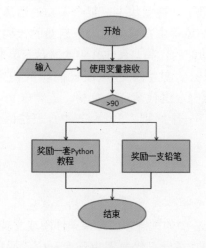

图 3.1 流程图

编程该如何实现呢？在 Python 编程中，可以通过 if-else 语句实现，如果满足条件就执行某个代码块，否则就是不满足条件，转而执行另外一个代码块。

```python
in_score=input("请输入数学成绩")
score=int(in_score)
if score>90:
    print("赠送一套 Pyhon 教程")
else:
    print("赠送一支铅笔")
```

代码解析

in_score=input("请输入数学成绩")
获取用户输入，将用户的输入赋值给变量 in_score。

score=int(in_score)
在控制台获取的输入都是字符串类型,所以要强制转换为整型数据,并赋值给 score 变量。

```
if score>90:
```

if 是 Python 的关键字，后而要加条件，条件的结果必须是布尔类型，也就是条件只有两个值 True 和 False。判断 "score>90" 的值，后面加一个英文状态下的冒号（切换英文输入法，按住 Shift 键再按冒号键，就打出了冒号）。在写作中，某个人物说话通常会加冒号，代表说话的一段内容。在编程中，冒号代表开启新的代码块（代码块可以理解成一块具有一定功能的代码，和作文中的段落有异曲同工之妙）。

如果条件为 True，就会执行下面代码块的内容，需要空出一个 Table 键，一个 Table 键代表 4 个空格，连续敲击 4 下空格键也是可以的），代表开启下一个级别。Python 中是严格区分空格的，所以大家一定要细心。

```
print("赠送一套 Pyhon 教程")
```

```
else:
```

else 是 Python 中的关键字。如果条件不成立就会执行 else 的内容，else 后面也要加冒号，代表即将开启一个代码块。if 和 else 是同一个级别的，所以 else 后面要空一个 Table 键，然后写入代码块。

if 条件： 　代码块 1 else： 　代码块 2	左边是 if-else 语句的一般公式，在使用 if-esle 语句的时候一定深刻理解哦！
	这是图形化编程中的 if-else 语句，它们是完全一致的。在以后的学习过程中，就会发现代码编程更加精确、更加简洁。

3.4　嵌套逻辑分支结构——elif

每次考试，爸爸妈妈总是会根据考试的分数赠送小礼物，只是很多情况下会根据分数而赠送不同的"小礼物"。

例如：如果数学考试成绩至少是 90 分，就赠送一台笔记本电脑；如果考试成绩至少是 80 分，但不超过 90 分，就赠送 Python 学习教程一套；如果考试成绩至少是 70 分，但不超过 80 分，就奖励一个玩具小车；如果低于 70 分，就重做试卷。

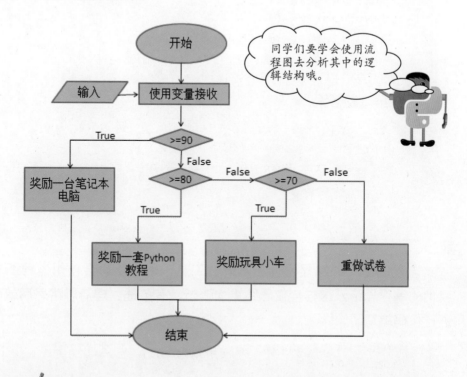

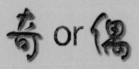

随堂小练习

1. 任意输入一个正整数，判断这个正整数是奇数还是偶数。这里需要使用运算符"%"取余数，偶数除以 2 的余数为 0，奇数除以 2 的余数为 1，根据取模的结果判断这个数是奇数还是偶数。

2. 为自己的房间设计一个空调调温的小程序，在房间有人、温度低于 10 度的情况下打开空调。房间有人使用数字 1 表示，没有人使用 0 表示。

第 1 题答案

```
put(" 请输入一个数字 ")
number=int(number)
if number%2==0
    print(number," 是一个偶数 ")
else:
    print(number," 是一个奇数 ")
```

第 2 题答案

```
temperature=int(input(" 当前的温度是多少? "))
person=int(input(" 室内有没有人 "))
if temperature<=10 and person==1:
    print(" 空调已经打开 ")
else:
    print(" 空调关闭 ")
```

流程图是一种编程设计非常好的工具，所以要学会使用流程图表达我们的编程思路，这样会使思路更加清晰、有条理。理清思路之后就可以进行代码编写了。

```
math_score=int(input(" 请输入你的数学成绩 "))

if math_score>=90
    print(" 奖励一台笔记本电脑 ")
else:
    if math_score>=80
        print(" 奖励一套 Pyhon 教程 ")
    else:
        if math_score>=70
            print(" 奖励玩具小车 ")
        else:
            print(" 重做试卷 ")
```

这是一个嵌套判断，在不满足条件（或者 else）的情况下继续进 if-else 的判断。Python 中是严格区分缩进的，缩进是代码编程的一部分，所以每一个 if 和 else 下面都要进行缩进。

上面 3 种不同颜色的实线框分别代表代码的缩进级别，每次缩进一个 Table 键，也就是 4 个空格。在编写代码的时候还要注意运算符前后最好空一个空格。这是编程习惯，不空格也不报错，只是增加代码的可读性，关键词之后也要有空格。比如一个 "□" 在编程中代表 1 个空格，在 "if □ math_soroe □ >= □ 80:" 中，如果关键字后面没有空格，就会报错。这些编程技巧要靠我们在学习的过程中一点一点积累。

理清了逻辑结构之后，接下来我们要简化一下代码，将 else 和 if 合并，将 else 的 "se" 之后的全部内容去掉，一直到 if 的位置，其后所有代码要向前移进一个 Table 键。重复这样的操作，一直到最后一个 else。这就是 elif 的来源，是 else-if 的简化版。

```python
math_score=int(input(" 请输入你的数学成绩 "))

if mpath_score>=90:
    print ( " 奖励一台笔记本电脑 ")
elif math_score>=80:
    print ( " 奖励一套 Pyhon 教程 ")
elif math_score>=70:
    print ( " 奖励玩具小车 ")
else:
    print (" 重做试卷 ")
```

3.5 大牛挑战赛

1. 三角形的构成条件是任意两边之和大于第三边，试编写一个程序，判断所给出的 3 条边能否组成三角形。

2. Tony 坐火车回家。火车上有规定，身高在 1.5 米以下、年龄在 14 周岁以下的半票，身高在 1.5 米以上（包含 1.5 米）、年龄在 14 周岁以上的（包含 14 周岁）全票。试编写一个程序，通过询问年龄和身高给出一个友好的回答是买全票还是半票。

3. 随机输入 3 个数，并将最大的数值输出。

4. 新春佳节即将到来，某大型商场举办优惠卡活动：如果充值 100 以上（包含 100）就会赠送 20 元红包，如果充值低于 100，就会赠送 5 元红包。红包可以充当现金。设计一个程序，询问客户所充值的金额，并给出相应的红包和充值总金额的提示。

5. 编写一个程序，输入年月日，输出该日期是今年的第几天。需要考虑闰年的情况，即能被 400 整除的是闰年（有 366 天），反之则是平年，平年有 365 天。

6. 自己设定一个密码和用户名的变量，通过输入判断用户名和密码是否正确。如果全部正确，就给出一个友好的提示；如果密码错误，就提示密码错误；如果用户名错误，就提示用户名错误。画出流程图，然后进行编程。

7. 编写一个程序，通过询问别人的身高、体重测算出体脂信息。体脂公式为：体重指数（BIM）＝体重（kg）/ 身高（m）的平方。

分类	BIM 范围
偏瘦	<= 18.4
正常	18.5 — 23.9
过重	24.0 — 27.9
肥胖	>= 28.0

第 **4** 章　周而复始——循环结构

计算机非常擅长重复地完成一件任务。对我们来说，重复地做一件事情会很厌烦，所以就有了循环（Looping）。本章将详细讲解计数循环（for）和条件循环（while）两大循环类型。

4.1　计数循环（for）

如果要连续输出 5 次"我喜欢 Python"，该怎样做呢？会不会连续执行 5 次"print（"我喜欢 Python"）"啊？如果要输出"我喜欢 Python"100 次呢？难道也执行 100 次"print（"我喜欢 Python"）"吗？可以用更好的办法：使用计数 for 循环。for 是 Python 中的关键字。

```
for looper in[1,2,3,4,5]:
    print("我喜欢 Pyhon")
```

执行结果如图 4.1 所示。

```
Python 3.7.3 Shell                                          —  □  ×
File Edit Shell Debug Options Window Help
Python 3.7.3 (v3.7.3:ef4ec6ed12, Mar 25 2019, 22:22:05) [MSC v.1916 64 bit (AMD6
4)] on win32
Type "help", "copyright", "credits" or "license()" for more information.
>>>
================ RESTART: C:\Users\Administrator\Desktop\aa.py ================
我喜欢Pyhon
我喜欢Pyhon
我喜欢Pyhon
我喜欢Pyhon
我喜欢Pyhon
>>>
```

图 4.1　执行结果

代码解析

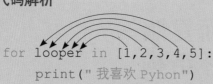

```
for looper in [1,2,3,4,5]:
    print("我喜欢 Pyhon")
```

　　for 和 in 是循环结构的关键字，looper 是变量名，[1,2,3,4,5] 是列表，该列表中存储的是整型数据（int 类型）。列表中每个数值叫作列表项（或者列表元素）。一共有 5 个列表项，即列表的长度为 5。关于列表，后面的课程会详细讲解，在这里可以理解成一个放水果的容器，容器里有香蕉、葡萄、橘子等，每次循环列表中的值都会依次赋值给变量，首次循环变量 looper 的值为 1，第二次循环变量 looper 的值为 2，以此类推。循环的次数也就是列表的长度，与列表元素无关。for 循环语句也需要加冒号，表示要开启一个代码块。因为在 for 循环中循环的是一块代码，所以要加冒号。

　　如果连续输出 100 次"我喜欢 Python"，要将列表的长度逐个增加吗？不需要的。我们有更好的方法表示列表的长度，即使用 range() 函数。

```
for looper in range(0,100):       for looper in range(100):
    print("我喜欢 Pyhon")    =        print("我喜欢 Pyhon")
```

代码解析

　　我们前面已经讲解过什么是函数。函数就好比乐高颗粒，每一个乐高颗粒都有特定的功能，每一个函数都是一个功能模块。有的函数括号中有参数，叫作有参函数；有的函数括号中没有参数，叫作无参函数。range(参数 1, 参数 2) 函数属于有参函数。其中，参数 1 表示计数的开始位置，参数 2 表示计数的结束位置，但不包含它本身。比如：range(1,10) 就表示列表 [1,2,3,4,5,6,7,8,9]。"range(参数 1，参数 2)"的参数 1 如果是从 0 开始的，那么可以将 0 省略，再把逗号去掉。

知道了 range() 函数有 1 个参数时代表的意思，那么能猜测一下 range（参数 1，参数 2，参数 3）有 3 个参数时代表什么意思吗？

```
for looper in range(0,100,2):
    print(looper)
```

代码解析

　　输出 looper 的值，就会发现 looper 依次增加 2。其实第三个参数表示步进。什么是步进？例如，列表 [2,5,8,11,14] 表示从 2 开始，每次增加 3，它的步进就是 3。

　　学习的过程就是不断总结的过程，只有善于总结，才能将所学知识灵活运用，才能真正转变为自己的知识。

for 循环的一般公式：for 变量名 in range（参数 1，参数 2，参数 3）		
range 示例	所代表的含义	输出结果
range(6)	表示从 0 开始到 6 结束的列表，但是不包含 6，如果从 0 开始，可以将 0 省略	0,1,2,3,4,5
range(3,11)	表示从 3 开始到 11 结束的列表，但是不包含 11	3,4,5,6,7,8,9,10
range(3,18,3)	表示从 3 开始到 18 结束的列表，步进为 3，最后的结果不包含 18	3,6,9,12,15

随堂小练习

　　1. 编写一个程序计算 1+2+3+4+5+...+100。

　　2. 下面的程序会执行多少次，每次循环变量的值是多少？试将循环的次数输出。

```
for looper in range(3,256,3):
    print("Happy new year!")
```

3.一张纸的厚度是0.0001米，将纸对折，对折多少次厚度超过珠峰高度8848米。

前两小题，本书附答案。第3小题，不提供答案，可以上网查资料解决，逐步养成独立思考的习惯。

第1题答案

```
sum=0
for looper in range(1,101):
    sum=sum+looper
print("结果为 "+str(sum))
```

```
sum=0
```
先创建一个为 sum 的变量

```
for looper in range(1,101):
```
从 1 到 101 一共循环 100 次

```
sum=sum+looper
```

为了能表达清楚3个 sum 的含义，分别使用红、黄、绿3种颜色的线框表示，执行红色线框 sum 时，会将黄色线框 sum 的值给绿色线框 sum，然后绿色线框 sum 加上 looper 运算的结果再赋值给红色线框 sum，红色线框 sum 的值其实就是运算后的黄色线框 sum 的值。重复以上步骤依次给 sum 赋值。

sum 是全局变量，在整个编程中都起作用，"sum=sum+looper"等价于 "sum+=looper"。

```
print("结果为 "+str(sum))
```
打印输出 sum 的值。需要注意的是，同种类型可以使用"+"进行拼接，不同种类型需要使用"，"进行拼接。例如，print("结果为 ", sum)。

第 2 题答案

```
times=0
for looper in range(3,256,3):
    times=times+1
    print("Happy new year!")
print("一共执行了"+str(times)+次数")
```

首先创建一个变量名为 times 的变量，用来记录执行的次数，每次执行都累加 1，最后将 times 输出。"times=times+1"等价于"times+=1"，表示每次累加 1。

注意，for 循环所"管辖"的范围已经使用红色线框将其框起来，与红色线框同一个级别的都是 for 循环的"管辖区"。

4.2 | 嵌套 for 循环

如何输出指定每行每列个数的"*"？首先给出友好的提示，获取用户需要输入每行和每列的个数。然后将"*"输出。比如，获取用户的行数是 5、列数是 7，那么最终的效果就是下面"*"的阵列：

```
num_row=int(input("请输入多少行"))
num_column=int(input("请输入多少列"))
for j in range(num_row):
    for i in range(num_column):
        print("*",end="")
    print("\n")
```

代码解析

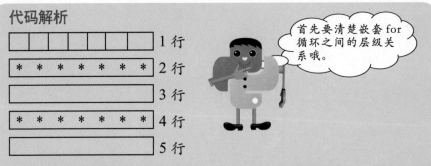

这是一个嵌套循环，内层循环表示每行有多少列，先把每一行的"*"输出。例如：*******"end=""""表示打印输出的时候不换行，因为 Python 输出默认会自动换行。

```python
for i in range(num_column):
    print("*",end="")
```

最外层循环表示一共要输入多少行，有多少行就循环多少次。"\n"代表换行符，内层 for 循环完成之后，就换一行。

```python
for j in range(num_row):          ──→ 外层 for 循环，控制行数
    for i in range(num_column):   ──→ 内层 for 循环，控制每行个数
        print("*",end="")
    print("\n")                   ──→ "\n" 表示换行
```

随堂小练习

编写一个程序实现下面"*"的输出。

```
*
**
***
****
*****
```

```python
for j in range(5):
    for i in range(j+1):
        print("*",end="")
    print("\n")
```

代码解析

一共有 5 行，所以最外层循环的 range 参数为 5；每行"*"个数比上一行增加 1，所以 range 参数为 j+1。range() 函数中的参数是变化的，所以又叫作可变循环。

4.3 | 条件循环（while）

大家都玩过电子转盘抽奖的游戏吧？当你喊转动的时候，它就转动；当你喊停的时候，它立刻停止转动。它是如何实现的呢？

在上述场景中，电子转盘抽奖所实现的功能就是使用 while 条件循环实现的，当然也有其他我们暂时没有接触过的逻辑结构。接着我们就编写代码让转盘不停地转起来，并且实现简单的控制功能。

```
while True:          公式      while 条件：
    print(" 转动 ")    ——→         代码块
```

"while"是 Python 中的关键字，后面是条件。当条件满足的时候（结果为 True），执行循环；当条件不满足的时候（结果为 False），不执行循环。while 条件后面也会加一个冒号，说明要开启一个代码块。

执行上述代码，"转动"会一直持续不断地输出，永无停息。这就是死循环。接着我们通过输入来控制"转动"。

```
flag=False
value=input(" 是否开始转动 ")

if value == " 开始 ":
    flag=True
else:
    print(" 请重新输入开始 ")

while flag:
    print(" 转动 ")
```

代码解析

```
flag=False
```

首先创建一个变量 flag, 并且将 False 的值赋给 Flag。

```
value=input(" 是否开始转动 ")
```
获取用户的控制输入, 将输入的值赋给 value。

```
if value==" 开始 ":
    flag=True
```

判断用户输入的值是否恒等于"开始", 如果等于, 就将 flag 的值重新赋值为 True, 将原来的 False 取代。两个相同的数据类型是可以使用恒等号进行比较的。

```
else:
    print(" 请重新输入开始 ")
```

否则让用户重新输入。

```
while flag:
    print(" 转动 ")
```
flag 的值为 True 时这两行代码才会执行, 也就是用户输入的值为"开始"的时候才会执行, 否则不会执行。

4.4 | 跳出循环 (break 和 continue)

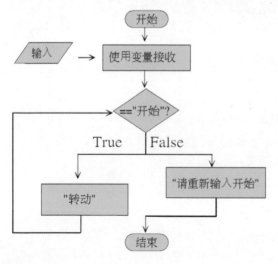

当我们输入"开始"的时候, 就会发现程序将永无休止地执行下去, 从而陷入死循环。事实上, 我们只想让它转一会就自动停止, 因为通过程序指令实现程序的停止会使用到进程(进程的知识暂时不做讲解), 所以要执行一定次数之后就停止程序的执行, 也就是让程序跳出循环。该如何实现呢?

```
times=0
while flag:
    times += 1
    print("转动",times)
    if times == 100:
        break
```

为了更清晰地展现程序，将程序进行了简化。首先创建一个变量 times，用来记录循环执行的次数，每次将变量进行累加，在 while 循环中持续不断地判断 times 的值是否恒等于 100，并将 times 和"转动"一起输出。如果等于就说明已经执行了 100 遍，使用 break 关键字跳出循环，或者说结束循环。

在我们设计程序的时候，有时希望它能结束某一次的循环，而不是完全终止整个循环，该如何实现呢？可以使用"continue"关键字，结束某轮循环。

例如，有一组 1~100 的数字，我们要将能被 3 整除的数字打印出来，该如何编写代码呢？

```
for i in range(1,101):
    if i%3==0:
        print(i)
        continue
    print(i,"不能被3整除")
```

代码解析

首先要深刻理解代码的层级关系，缩进 1 个 Table 键就小一级。从这个代码可以看出，for 循环下面凡是缩进 1 个 Table 键的都属于 for 循环的"管辖"区。for 循环下的 if 语句和最后一个 print 语句是同级别的。那么 if 语句的"管辖"区是比它本身要缩进 1 个 Table 键，print(i) 和 continue 关键字是同一个级别。

每次循环取 i%3 的值，并判断取模的结果，如果结果恒等于 0，就说明 i 能被 3 整除，将 i 的值输出，并结束本轮循环，所以后面的代码不会执行，只有不能被 3 整除的时候才能执行。

一定要区分清楚 break 和 continue 的用法：break 是终止循环的执行，continue 是终止本轮循环。

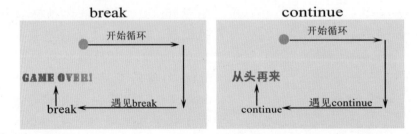

一百馒头一百僧，大僧三人更无争；
小僧三人分一个，大小和尚各几丁。

编程要学以致用，学习了编程就要把它用在我们的学习和生活中。这是出自明代数学家程大位《算法统宗》中的一道算术题。这道题的意思是说：一百个和尚分一百个馒头。大和尚每人三个馒头恰好，小和尚三人一个馒头恰好，请问大小和尚各有多少人？

```python
monks=100
steamed_breads=100
little_monks=0
while True:
    little_monks=little_monks+1
    if little_monks/3 + (monks-little_monks)*3
==steamed_breads:
        print(" 小和尚的人数为: ",little_monks)
        print(" 大和尚的人数为: ",(100-little_monks))
        break
```

代码解析

```
monks=100
```
创建和尚变量，并给变量赋值。

```
steamed_breads=100
```
创建馒头变量，并给变量赋值。

```
little_monks=0
```
创建小和尚的变量，并将小和尚赋值为 0。

```
while True:
    little_monks=little_monks+1
    if little_monks/3+(monks-little_monks)*3
    ==steamed_breads:
        print("小和尚的人数为：",little_monks)
        print("大和尚的人数为：",(100-little_monks))
        break
```

循环将小和尚的人数加 1，判断馒头的个数是否恒等于 10，如果等于 100，就得到了小和尚的人数和大和尚的人数，并输出。

4.5 注释

注释就是在代码编写过程中为了能清楚表达代码的含义而添加的一些说明文字，可以增加代码的可读性。注释的内容不参与编译。

代码是给计算机看的，但注释是给学习者或者开发者看的。以后编写代码时我们都会使用注释。添加注释有两种方式：单行注释、多行注释。单行注释使用井号（#）开头；多行注释的开头和结尾分别使用 3 个单引号或者双引号。

方式一：使用井号（单行注释）

```
monks=100        # 创建和尚变量，并给变量赋值
```

方式二: 单引号或者双引号（多行注释）

```
little_monks=0
" " "
创建小和尚的变量
并将小和尚赋值为 0
" " "
```

4.6 random 函数

Python 语言虽然简洁但却非常强大，得益于 3 个重要的因素：Python 基本语法、标准库、第三方库。Python 基本语法的核心只包含数字、字符串、列表、字典、文件等常见类型和函数。Python 标准库提供了系统管理、网络通信、文本处理、数据库接口、图形系统、XML 处理等额外的功能。Python 第三方库是由公司和企业提供的，是供开发人员使用的库文件。

可以类比一下，有一套乐高 9898，它本身有很多零件库可供搭建，这是乐高的基础套件。乐高 45560 是配件库，可以和乐高 9898 套件结合，这时 45560 是乐高的标准库。有一些机构还提供有兼容乐高 9898 的配件库，就叫作第三方库。

random 函数是 Python 的标准库，可以生成随机浮点数、整数、字符串。

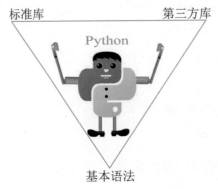

我们要使用 random 生成一个 2 到 10 的整数，首先需要在程序中导入 random 模块，然后使用关键字 import+ 模块名即可完成模块的导入，

例如 import random。参看下面的代码。

```
import random # 导入 random 模块
number=random.randint(2,10) # 获取 2~10 的整数随机数
print(number) # 将随机数的值打印输出
```

代码解析

```
number=random.randint(2,10) # 获取 2~10 之间的整数随机数
```

random 是模块名，使用模块名调用 randint 函数，这是使用模块中函数的一种方式。randint 翻译过来就是随机整数。randint（参数1，参数2）有两个参数，表示参数1~ 参数2 的整数范围，包含它们自己。如果参数为 (2,10) 就能产生 2~10 的整数，然后使用变量名为 number 来接收。

```
print(number) # 将随机数的值打印输出
```

随堂小练习

制作两颗虚拟数字骰子，点数分别为 1~6。两颗数字骰子的点数之和如果小于等于 9 就为小，如果大于 9 就为大，试判断大、小出现的可能性。

```
import random # 导入 random 模块
dice1=random.randint(1,6)  # 获取 1 到 6 的整数取值
dice2=random.randint(1,6)
sum=dice1+dice2
# 进行比较
if sum <= 9:
    print(" 小 "," 骰子的点数分别为： ",dice1," 和 ",dice2)
else:
    print(" 大 "," 骰子的点数分别为： ",dice1," 和 ",dice2)
```

4.7 | 全局变量和局部变量

```
times=0                        # 全局变量，在整个编程中都起作用
for j in range(5):             #j 局部变量，在整 for 循环中都起作用
    times=times+1
    for i in range(10):  #i 局部变量，在内层 for 循环中都起作用
        print("*",end="")
    print("\n")
print(times)
```

找一找程序中有哪些变量。

一共有 3 个变量，分别是 times、j 和 i。其中，times 变量为全局变量，就是在整个代码中都会起到一定的作用；j 和 i 是局部变量，只有在所属的 for 循环下才能起作用，如果 j 和 i 的使用超过了 for 循环所"管辖"的范围，就会报错。

设计一个剪刀石头布的游戏，随机循环出剪刀、石头、布。要求时间间隔为 2 秒。

```
import time # 导入 time 库
import random # 导入 random 库
for i in range(10): # 循环次数为 10
    time.sleep(1) # 让程序睡眠 1 秒钟，可以理解为等待 1 秒钟
    number=random.randint(1,3)
    # 根据产生的随机数出拳
    if number == 1:
        print(" 剪刀 ")
    elif number == 2:
        print(" 石头 ")
    else:
        print(" 布 ")
```

在这里我们给程序添加了一个等待执行的功能，不然程序会执行得非常迅速。time 库文件有一个 sleep() 函数，功能是让程序睡眠，睡眠过程中什么都不执行，可以理解为让程序睡一会或者等待一段时间再执行。等待的时间我们可以自定义。sleep 函数中的参数可以是整型，也可以是浮点型。

4.8 | 大牛挑战赛

1. 创建一个整数列表，并将列表中的偶数逐个打印出来。

2. 设计一个猜数字的小游戏，使用 random 函数随机生成一个数字。如果猜测大了，就提示"猜大了"；如果猜小了，就提示"猜小了"；如果猜对了，就提示"恭喜您回答正确"。程序设计要对猜测的次数进行限制，比如 10 次或者 20 次。

3. 使用循环输出一个九九乘法表：

$1 \times 1=1$
$1 \times 2=2$ $2 \times 2=4$
$1 \times 3=3$ $2 \times 3=6$ $3 \times 3=9$
...
$1 \times 9=9$ $2 \times 9=18$ $3 \times 9=27...9 \times 9=81$

4. 这是出自算法统宗的一道题：

三百七十八里关，初行健步不为难。
次日脚痛减一半，六朝才能到其关。
要见次日行里数，请公仔细算相还。

意思是说有一个人步行去远在 378 里的边关，第一天健步如飞一点不费劲，从第二天起，因为脚痛每天比前一天减少一半，一共走了 6 天才到边关，请你算一下第二天走了多少里路。

第5章 EasyGui——图形化界面

我们所使用的软件、浏览的网站等都是由一些可视化的元素组成的，比如按钮、图片、对话框等，而我们原来所学的输入输出都是 IDLE 中简单的文本。本章我们就开始学习一些简单的 GUI，让程序更加接近我们平常所看到的应用程序。

5.1 安装 EasyGui

EasyGui 是第三方的库文件，其中 easy 是简单的意思、gui 是 Graphical User Interface（图形用户界面的缩写），总的意思就是简单的用户界面。EasyGui 确实像它的名字所描述的一样，是编写用户界面非常简单且容易理解的库文件。接下来的程序将会有窗口和按钮之类的组件。因为 EasyGui 是第三方库文件，所以需要我们下载安装。

步骤 01 打开链接 http://easygui.sourceforge.net/，网页上有关于 EasyGui 的说明、案例展示和 Download 按钮，单击 Download 按钮，进入下载页面，如图 5.1 所示。

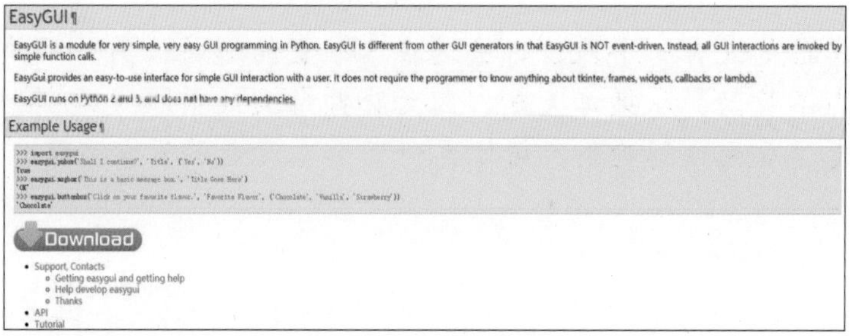

图 5.1 下载页面

步骤 02 进入到下载面板，单击 Download Latest Version 绿色按钮下载最新版本的 EasyGui，如图 5.2 所示。

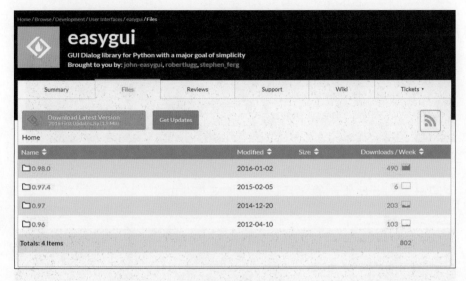

图 5.2 下载最新版本

步骤 03 跳转到该界面之后，会弹出下载对话框，单击"下载"按钮即可进行下载操作。下载完成之后，将解压后的文件放在桌面上，如图 5.3 所示。

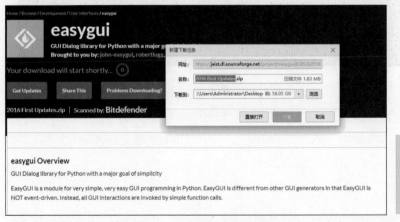

图 5.3 保存到桌面

步骤 04 使用 Windows+R 组合键打开运行对话框，在运行对话框中输入"cmd"进入命令行界面。首先在命令行中输入"cd desktop"后按 Enter 键，转到桌面。然后跳转到解压后的文件夹 cd robertlugg-

Easygui-cbd30b0 再进行安装，输入"python setup.py install"命令按 Enter 键，注意英文之间是有 1 个空格的。上述操作如图 5.4 所示。

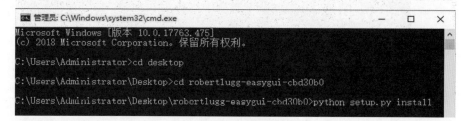

图 5.4　准备安装

若出现图 5.5 所示的提示，就说明安装成功。

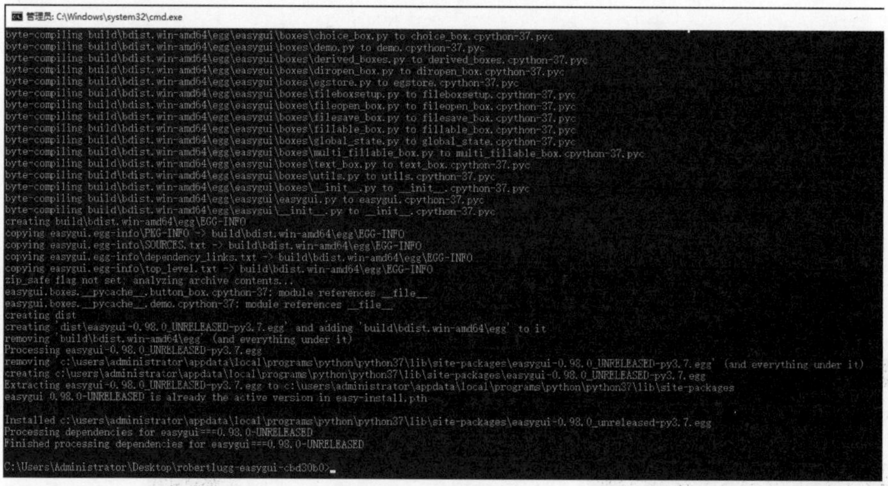

图 5.5　安装提示

安装成功之后，输入"python"命令进入 Python 编程提示符，然后输入"import easygui"，如果不会报错，说明可以使用 EasyGui 设计用户化界面了。

5.2 | 玩转 EasyGui

编写 EasyGui 第一个程序，弹出显示有"hello easygui"字样的对话框。

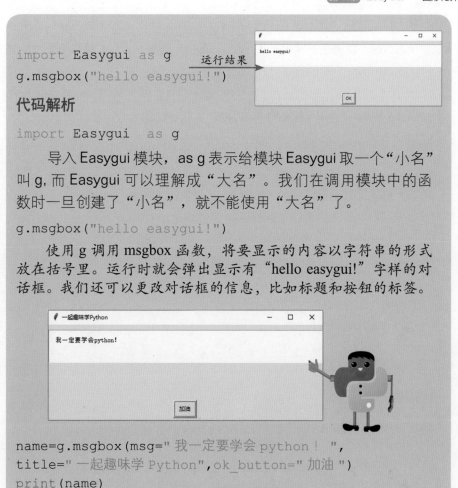

```
import Easygui as g
g.msgbox("hello easygui!")
```

运行结果

代码解析

```
import Easygui  as g
```

导入 Easygui 模块, as g 表示给模块 Easygui 取一个 "小名" 叫 g, 而 Easygui 可以理解成 "大名"。我们在调用模块中的函数时一旦创建了 "小名", 就不能使用 "大名" 了。

```
g.msgbox("hello easygui!")
```

使用 g 调用 msgbox 函数, 将要显示的内容以字符串的形式放在括号里。运行时就会弹出显示有 "hello easygui!" 字样的对话框。我们还可以更改对话框的信息, 比如标题和按钮的标签。

```
name=g.msgbox(msg=" 我一定要学会 python！ ",
title=" 一起趣味学 Python",ok_button=" 加油 ")
print(name)
```

当单击 "加油" 按钮时, 会将 "加油" 字符串赋值给 name, 并将 name 打印输出。

可以在百度上寻找 EasyGui 的学习文档, 从学习文档中我们可以了解关于该模块的所有使用方法, 全面而又详细, 并且学习文档中会结合案例进行讲解, 阅读起来一目了然。

```
ccbox(msg=' 提示信息 ',title=' 标题 ',choices=(' 继续 ',' 取
消 '),image=None)
```

函数解析

ccbox() 提供一个选择: ' 继续 ' 或者 ' 取消 ', 并返回相应的 1 (选中 ' 继续 ') 或者 0 (选中 ' 取消 ')。注意, ccbox() 是返回整型的 1 或 0, 不是布尔类型的 True 或 False, 但你仍然可以这么写。

案例说明

```
if ccbox(' 要再来一次吗? ',choices=(' 要啊 ^_^',' 算了吧 T_T')):
    msgbox(' 不给玩了 ')
else:
    sys.exit(0)  # 记得要先 import sys
```

```
import  Easygui as g    #        Easygui
import sys  # 导入 sys
result=g.ccbox(msg=" 学习完 Python 我们去玩吧 ",
               title=" 要不要去玩 ",
               choices=(" 要去 "," 不要去 "),
               image="ok.jpg")# 调用 ccbox 函数, 并更改参数
print(result)
if result:  # 分析结果是 1 还是 0
    g.msgbox(" 那我们去打篮球吧 ")
else:
    sys.exit(0)  # 执行到主程序末尾, 解释器自动退出
```

代码解析

```
result=g.ccbox(msg=" 学习完 Python 我们去玩吧 ",
               title=" 要不要去玩 ",
               choices=(" 要去 "," 不要去 "),
               image="ok.jpg")
```

程序运行起来就会出现下面的这张图。

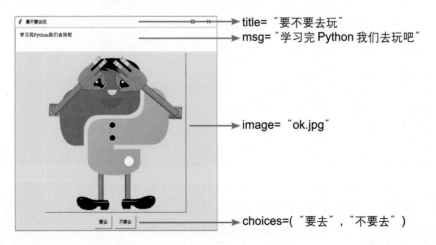

→ title= "要不要去玩"
→ msg= "学习完 Python 我们去玩吧"
→ image= "ok.jpg"
→ choices=("要去","不要去")

我们主要讲解一下 ccbox 函数。在 Easygui 文档中的 ccbox 函数有 4 个参数，分别是 msg（内容）、title（标题）、choices（选择）、image（图片）。每个参数都对应一个标签，或者叫键值对。标签的名称无法更改，我们可以将标签去掉，但是每个标签所对应的位置不能改变。所以也可以这样写：

```
result=g.ccbox("学习完 Python 我们去玩吧","要不要去玩",
               ("要去","不要去"),image="ok.jpg")
```

在编程中，会出现有些代码语句非常长一行写不完，或者是为了保证代码的美观性与可读性，需要将一行代码分为几行去写，这种情况下可在逗号之后加回车另起一行。

随堂小练习

这是一个列表选择框：

```
multchoicebox(msg="内容",title="标题",
choices=("选项"))
```

支持用户选择 0 个、1 个或者同时选择多个选项。该函数也使用序列（元组或列表）作为选项，这些选项显示前会按照不区分大小写的方法排好序。选择之后会返回一个列表。根据文档中的提示设计一个列表选择框（见图 5.6），并测试每次单击 OK 按钮提交后所返回的值。

```
import Easygui as g
result=g.multchoicebox(msg="请选择你喜欢的运动",
                       title="爱运动，爱学习",
                       choices=("足球","篮球","乒乓球",
                       "棒球","跳绳"))
print(result)
```

图 5.6 对话框

5.3 | 大牛挑战赛

1. 设计一个选择列表框，让用户选择自己喜欢的水果，当用户单击 OK 按钮的时候，弹出一个消息对话框，再次提示用户的选择。

2. 通过在网络上查阅资料学习 cnterbox() 函数的使用，判断用户输入的数据类型，并将用户输入的信息打印出来。

3. 通过在网络上查阅资料学习 passwordbox() 函数的使用。和 enterbox() 函数结合，判断用户输入的账号和密码是否正确，如果不正确就给出一个友好的提示。

第**6**章 数据结构——列表

本章将主要介绍 Python 中列表（List）的详解操作方法，包含创建、访问、更新、删除、切片、遍历等。

6.1 认识列表

列表是 Python 中最基本的数据结构，同时也是列表最常用的 Python 基本数据类型。我们前面已经学习过 4 种基本数据类型，这 4 种基本数据类型只能存放单个数据，而 Python 中的列表可以用来存放不同类型的数据。

可以将 Python 编程列表理解成一个背包，背包可以放置任何物品，列表也可以存放各种数据类型。

列表存放数据需要使用 []（英文输入法状态下的中括号），例如：backpack=[" 书本 "," 水果 "," 零食 "," 小礼物 "]，将所有的字符串类型都存储在列表中，并且将列表的值赋给变量 backpack。列表的组成：变量名 =（赋值符号）[数据类型]。

书本
水果
零食
小礼物

```
backpack=[" 书本 "," 水果 ",
" 零食 "," 小礼物 "]
```

如果要创建一个玩具列表，应该如何创建呢？学习过 Python 列表之后，可以将玩具全部放在列表中。

```
toy=[" 恐龙 "," 小汽车 "," 科学套装 "," 机器人 "]
```

在这个列表中, toy 表示列表变量名, 列表中的每一个值 (比如 "恐龙") 叫作列表项或者元素, 每个列表项都对应一个下标。下标从 0 开始, 从左到右依次递增 1。下标可以理解为每个元素的数字标号, 又叫作索引。

```
toy=[ " 恐龙 " , " 小汽车 " , " 科学套装 " , " 机器人 " ]
下标:        0          1          2          3
```

6.2 | 增加列表项

如果有一天得到了新玩具, 应该怎样将新玩具追加到列表当中呢? 这里不是手动添加列表项, 而是使用函数进行添加。添加列表项有 3 种方式, 接下来逐个介绍。

方式一:

append() 追加单个元素到列表的尾部, 只能接受一个参数, 参数可以是任何数据类型, 被追加的元素在列表中保持原结构类型。

```
toy=[" 恐龙 "," 小汽车 "," 科学套装 "," 机器人 "]
toy.append(" 旋转木马 ")
print(toy)
```

输出结果

```
[" 恐龙 "," 小汽车 "," 科学套装 "," 机器人 "," 旋转木马 "]
```

如果得到了一批玩具而不是一个玩具, 应该怎样让这一批玩具一次性添加到列表中呢?

```
toy=[" 恐龙 "," 小汽车 "," 科学套装 "," 机器人 "]
newToy=[" 绿巨人 "," 钢铁侠 "," 象棋 "]
```

方式二：

extend() 追加一个列表到另一个列表的尾部，用新列表扩展原来的列表。

```
toy=[" 恐龙 "," 小汽车 "," 科学套装 "," 机器人 "]
newToy=[" 绿巨人 "," 钢铁侠 "," 象棋 "]
toy.extend(newToy) print(toy)
```

输出结果

```
[" 恐龙 "," 小汽车 "," 科学套装 "," 机器人 ",
" 绿巨人 "," 钢铁侠 "," 象棋 "]
```

如果想将其中一个新玩具插入列表指定的位置下标（例如，将 " 钢铁侠 " 放置到下标为 2 的列表中），应该如何做呢？

```
toy=[ " 恐龙 " , " 小汽车 " , " 科学套装 " , " 机器人 " ]
```

方式三：

insert(参数 1, 参数 2) 追加一个元素到指定下标位置的函数，参数 1 表示指定下标，参数 2 表示所插入的元素。

```
toy=[ " 恐龙 " , " 小汽车 " , " 科学套装 " , " 机器人 " ]
toy. insert( 2 , " 钢铁侠 ")
print(toy)
```

输出结果

```
[" 恐龙 "," 小汽车 "," 钢铁侠 "," 科学套装 "," 机器人 "]
```

学习的过程就是不断总结的过程，通过总结让我们的知识点有条理而又牢固。

列表元素增加总结

创建一个列表：lists=["a",45," 玩具 "]		
函数实例	输出结果	结论
lists.append(2)	["a",45," 玩具 ",2]	在列表尾部追加单个元素
lists.extend([12,4])	["a",45," 玩具 ",12，4]	将一个列表追加到另一个中
lists.insert(2," 小白 ")	["a",45," 小白 "," 玩具 "]	指定下标，插入元素

6.3 | 删除列表项

如果考试不及格，就从玩具列表中拿出一个玩具或者多个玩具，我们应该如何删除列表项呢？同样也有 3 种方法。

方式一：

remove() 从列表中删除单个指定元素，不需要知道该元素的索引，但是需要确定该元素在列表中。如果删除了不在列表中的元素，程序就会报错。

假设要删除玩具列表中的"小汽车"，在编程中应该如何体现呢？

```
toy=[" 恐龙 "," 小汽车 "," 科学套装 "," 机器人 "]
toy.remove(" 小汽车 ")
print(toy)
```

输出结果

```
[" 恐龙 "," 科学套装 "," 机器人 "]
```

方式二：

pop() 可以删除指定下标的元素。一个列表中允许有多个相同的元素，如果不指定下标，可能不知道删除的是哪一个元素。pop 函数就像神枪手一样指哪打哪，当不提供下标数据的时候，会默认删除最后一个。

假如玩具列表中有两个一模一样的玩具小汽车，这时要扣除其中一个，肯定要指出扣除玩具小汽车的特征，不然也不知道要扣除哪一个。我们删除数据也是一样的，必须指定索引。下面删除了"科学套装"前的"小汽车"。

```
toy=[" 恐龙 "," 小汽车 "," 小汽车 "," 科学套装 "," 机器人 "]
toy.pop(2)
print(toy)
```
输出结果

[" 恐龙 " , " 小汽车 " , " 科学套装 " , " 机器人 "]

方式三：

del() 函数中的 "del" 是 "delta" 英文单词的缩写，表示删除一段指定索引范围的列表元素，也可以是整个列表。

假如要从所有的玩具列表中拿出一批玩具或者所有的玩具，就可以使用 del() 函数。

```
toy=[" 恐龙 "," 小汽车 "," 小汽车 "," 科学套装 "," 机器人 "]
del toy[2:4]
print(toy)
```
输出结果

[" 恐龙 " , " 小汽车 " , " 机器人 "]

注意，toy[2:4] 表示列表索引 2~4 的元素，包含索引为 2 的元素，不包含索引为 4 的元素，即 [" 小汽车 "," 科学套装 "]。del 关键字后面跟的是列表。如果删除所有的元素该怎样做呢？在 del 关键字后面放上所要删除的列表名即可。删除列表之后，就无法输出这个列表了，因为这个对象已经被 Python 自动回收了。

```
toy=[" 恐龙 "," 小汽车 "," 小汽车 "," 科学套装 "," 机器人 "]
del toy
```

列表元素删除总结

创建一个列表：lists= ["a",45," 玩具 "]		
函数实例	输出结果	结论
lists.remove("a")	[45," 玩具 ",2]	删除某一个指定元素
lists.pop(2)	["a",45]	删除指定索引元素
del lists[0:2]	[" 玩具 "]	指定索引范围的列表

6.4 修改列表项

在现实生活中，如果想和同学交换玩具，应该怎样做呢？这时我们需要修改列表项。这里的"修改"也可以理解为"替换"。那么如何对列表项进行替换呢？

```
toy=[" 恐龙 "," 小汽车 "," 小汽车 "," 科学套装 "," 机器人 "]
toy[1]=" 风筝 "
print(toy)
```

首先通过列表索引进行取值"表变量名 [索引]"，所取的值就是所对应索引的列表项，然后对所取的列表项进行复制操作。

输出结果

[" 恐龙 " , " 风筝 ", " 小汽车 " , " 科学套装 " , " 机器人 "]

6.5 搜索列表项

一个列表中会有多个元素，那么如何判断该元素是否在列表中，如何判断该元素在列表中的哪个位置呢（元素的索引）？

```
toy=["恐龙","小汽车","科学套装","机器人"]
boo_toy="小汽车"in toy:
if boo_toy:
    print("它在这里")
    index_num=toy.index("小汽车")
    print(index_num)
else:
    print("它不在这里")
```

输出结果

它在这里

1

通过 in 关键字判断一个元素是否在列表中，程序语句""小汽车"in toy"返回一个布尔类型的数据。如果元素在列表中，返回结果为 True；如果元素不在列表中，返回结果为 False。我们再使用变量去接收返回值。

通过 index 关键字判断一个元素在列表中的索引值，程序语句"toy.index("小汽车")"首先确定元素是否在列表中：如果不在列表中，程序就会报错；如果在列表中，那么使用列表调用 index() 函数时会返回一个整型数据，也就是该元素所对应的下标。

随堂小练习

1. 当出现相同的元素时，使用 remove() 函数删除的是哪一个元素？

```
lists=["a","f","f","f","g","n"]
```

2. 如何删除列表中重复的元素，保证元素无重复？

```
lists=["a","f","f","f","g","n"]
```

第一题答案

```
lists=["a","f","f","f","g","n"]
lists.remove("f")
print(lists)
```

输出结果

```
["a","f","f","g","n"]
```

无论删除哪一个，也无论从哪里开始删除，最终打印输出的结果都是一样的。

第二题答案（方法 1）

```
list1=["a","f","f","f","g","n"]
list2=[] #创建一个空列表，用来接收不同的元素
for i in list1: #遍历 for 循环
    if not i in list2: #判断 list1 的元素是否在 list2 中，如
果不在就添加元素
        list2.append(i)
print(list2)
```

输出结果

```
["a","f","g","n"]
```

　　首先创建一个空列表来接收不同的元素，然后通过 for 循环遍历列表 list1，判断 list1 的元素是否在 list2 中，如果不在 list2 列表中，将该元素添加进 list2，保证列表中不会出现重复的列表元素。

第二题答案（方法 2）

```
list1=["a","f","f","f","g","n"]
list2=list(set(list1))
"""
通过 set 集合进行过渡处理，集合不能有重复的元素，然后将集合通过
list() 函数转化为列表，赋值给 list2
"""
print(list2)
```

6.6 | 列表分片

　　通过索引的方式连续获取多个元素就是分片，那么我们如何给 toy 列表进行分片呢？

```
toy=[" 恐龙 "," 小汽车 ", " 小汽车 "," 科学套装 "," 机器人 "]
           0       1         2         3        4
toy2=toy[1:3] # 截取下标 1~3 但不包含下标为 3 的元素
print(toy2)
```

输出结果

```
[" 小汽车 "," 小汽车 "]
```

思考一下，toy[1] 和 toy[1:2] 有什么区别。通过什么函数可以判断两者之间的区别。我们可以通过使用 type() 函数来判断两者分别是什么数据类型。

```
toy=[" 恐龙 "," 小汽车 "," 小汽车 "," 科学套装 "," 机器人 "]
toy1= toy[1]
toy2=toy[1:2]
type1=type(toy1)
type2=type(toy2)
print("toy1 的数据为 ",toy1)
print("toy2 的数据为 ",toy2)
print("toy1 的数据类型为 ",type1)
print("toy2 的数据类型为 ",type2)
```

程序执行结果

```
toy1 的数据为小汽车
toy2 的数据为 [" 小汽车 "]
toy1 的数据类型为 <class'str'>
toy2 的数据类型为 <class'list'>
```

通过打印输出的数据结果可以看出，toy[1] 输出的是下标为 1 的列表元素，在列表中是什么类型，输出的结果就是什么数据类型；toy[1:2] 输出的结果是 list 列表数据类型。

输出 toy[0:4] 和 toy[:4] 时，这两者的输出结果会有什么不同吗？这两者输出的结果是一样的，toy[:4] 实际上是 toy[0:4] 的简写。

程序执行结果

```
toy1 的数据为 [' 恐龙 ',' 小汽车 ',' 小汽车 ',' 科学套装 ']
toy2 的数据为 [' 恐龙 ',' 小汽车 ',' 小汽车 ',' 科学套装 ']
toy1 的数据类型为 <class'list'>
toy2 的数据类型为 <class'list'>
```

使用分片时采用简写的方式非常方便，也是一种非常好的方式，但是我们要明白代码简写所表达的意思。关于列表切片还有两种简写方式，我们一起去学习一下吧！

简写能充分体现代码的简洁性哦！

尝试输出 toy[2:5] 和 toy[2:]，就会发现打印输出的结果是一样的。尝试输出 toy[0:5] 和 toy[:]，会发现打印输出的结果也是一样的。得到了什么结论吗？

在一个列表 list[参数 1: 参数 2] 中，如果冒号之前的参数 1 是 0，就可以简写为将数字 0 省略的形式；如果参数 2 等于列表的长度，也可以省略不写。如果两个参数分别为 0 和列表长度，就等价于复制一个新列表，因为它将列表的元素从头取到了尾。

6.7 | 列表排序算法

6.7.1 列表排序——选择排序

列表排序就是将列表元素以一种有序性的组合进行排列。列表排序必须是理论上可以进行排序的列表才能进行，如果一个列表有字符串类型、布尔类型、整型，就无法进行排序了。列表 numbers 的元素能够按照从小到大的顺序排列吗？

```
numbers=[34,25,68,7,15]
```

排序的方法很多，我们首先使用选择排序对列表元素进行排序。选择排序可以理解为比武招亲的一种排序方式，数字最大的放在第一位，数字比较大的放在第二位，以此类推，直至将整个列表中的元素全部排列完成。

如果参加武林大会，应该怎样确定谁的武功高强呢？如果依次将武功从高到低排序呢？

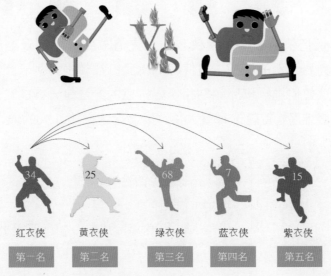

现在我们要给这些侠客按照武功高低排序，每个侠客都有一个功夫值，功夫值越大说明武功越高强，这个功夫值也就是我们看到的在侠客身上的数字。

首先我们将红衣侠分别对战后面几个侠客，如果后面 4 个侠客有能打过红衣侠的，就互换位置。红衣侠 34 大于黄衣侠 25，说明红衣侠胜利；然后红衣侠 34 和绿衣侠 68 比武，显然绿衣侠胜利，绿衣侠和红衣侠互换位置。目前绿衣侠在第一名的位置，然后绿衣侠 68 和蓝衣侠 7 比较，按照这种方式依次进行下去，将胜利者放到第一名的位置，第一轮就能选出武功最高强的侠客，也就是数值最大的数字。

第二轮我们要筛选出第二名，不过第二轮是从红衣侠后面的第一个侠客开始的，依次和后面的侠客比武，仍然将胜利者放到第二名的位置，第二轮就选出了第二名。

以此类推，5 个侠客一共打下了 4 轮，最后一轮不需要打，因为我们知道它一定排在最后。通过每轮打擂的方式，选出每轮的胜利者，这种有选择性质的排序方法就叫作选择排序。

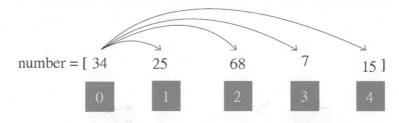

现在我们把侠客去掉，将侠客的功夫值放到一个列表当中，将名次更改为每个列表元素的下标，将侠客的比武打擂转换为列表元素从大到小的排序，应该如何进行排序呢？和侠客打擂的方法是一样的，也是一轮一轮进行选择值排序，首轮选择最大值，第二轮选择第二大的值，以此类推。

```python
number=[34,25,68,7,15]
for i in range(1,len(number)):
    if number[0] <number[i]:
        number[0], number[i]=number[i], number[0]
```

代码解析

首先创建一个列表 number，用 len(number) 表示列表的长度（列表元素个数），然后循环判断下标为 0 的元素是否小于其后一个元素，如果小于就互换位置，然后继续循环，5 个数值一共循环了 4 次，所以循环的次数使用 (1,len(number)) 这个范围进行表示。这是其中一轮比较，将最大值选出来并且排到下标为 0 的位置。

```python
number=[34,25,68,7,15]
for j in range(0,len(number)-1):
    for i in range(j+1,len(number)):
        if number[j] <number[i]:
            number[j], number[i] = number[i],
            number[j]
print(number)
```

首先要思考一下，一共要进行多少轮"比武招亲"。如果列表的长度为 5，一共要进行 4 轮（最后两组数不参与排序，等排到最后一轮，已经能确定大小），所以进行"比武招亲"的轮数可以表示为 range(0,len(列表名)-1)，这也是外层循环表示的循环次数。内层 for 循环每轮排列都会比上一轮少一次，所以每次将 range(j+1,len(number)) 中的第一个参数增加 j、if 判断模块的 number[0] 更改为 number[j]。经过内外层 for 循环之后，将列表项按照从大到小的顺序排列好，最后将列表输出。

打印输出

```
[68,34,25,15,7]
```

6.7.2 列表排序——冒泡排序

冒泡排序（Bubble Sort）也是一种非常重要的排序算法。通俗地讲，排序算法就是将相邻元素依次比较大小，最大的放在后面，最小的冒上来。这种排序算法像泡沫一样，所以叫作冒泡排序。

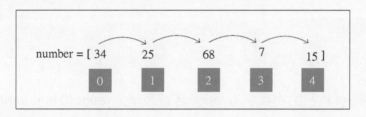

```
if number[0]<number[1]:
    number[0],number[1]=number[1],number[0]
```

如果我们希望元素按照从大到小的顺序进行排列，首先要判断前一个元素是否比后一个元素小，如果比后一个元素小，就将它互换位置。

```
for i in range(0,len(number)-1):
    if number[i]<number[i+1]:
        number[i],number[i+1]=number[i+1],number[i]
```

两两相邻的元素互换位置的操作一共要进行多少组呢？可以把手指张开，数一数一共有多少个空隙，5 个手指一共有 4 个缝隙，数字也是一样，两两相邻的元素进行比较的次数要比列表项长度少一次，所以一共执行的次数使用 range 函数可表示为 range(0,len(number)-1)。每次循环将两两相邻的数据前后进行比较，遇到大数时互换数据。

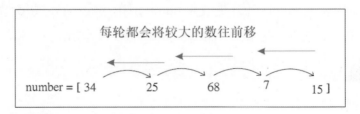

每轮都会将较大的数往前移

number = [34   25   68   7   15]

```
for j in range(0,len(number)-1):
    for i in range(0,len(number)-1):
        if number[i]<number[i+1]:
            number[i],number[i+1]=
            number[i+1],number[i]
print (number)
```

打印输出

[68,34,25,15,7]

循环一共执行的次数使用 range 函数表示为 range(0,len(number)-1)。每轮循环都会将数字比较大的向左靠近，恰好使用循环列表长度减 1 的次数能将所有的元素依次从大到小全部排列完成。

6.8 | sort 排序

前面我们学习了两种排序方式：选择排序和冒泡排序，这是两种非常重要的排序方法，本节我们将学习如何使用 sort 函数进行排序。前面我们讲解过什么是函数，即函数是一个代码的功能块，sort 函数的功能就是排序。sort 函数能自动按照字母顺序对字符串从小到大进行排序、按照数字大小的顺序对数组从小到大排序。

```
number= [6,324,2,1,4]
number.sort()
print(number)
```

打印输出

```
[1,2,4,6,324]
```

sort 函数只能进行升序排序。通过打印输出的结果可以看出，sort 函数是原地修改列表，并没有返回原有的列表。

```
letter=["f","g","e","f","a","h","r","n"]
letter.sort()
print(letter)
```

打印输出

```
['a','e','f','f','g','h','n','r']
```

使用 sort 函数进行排序是不是特别简单啊？因为 sort 函数里面已经封装了非常复杂的算法运算，所以使用起来会非常方便。后面我们还要学习函数的封装，也可以将自己编写的算法直接以函数的形式提供给其他人使用。

sort 函数只能进行升序排序，是不是非常遗憾啊？没有关系，聪明的工程师早已经为我们封装好了，只需要在 sort 函数中增加一个 reverse 参数即可完成降序排序。

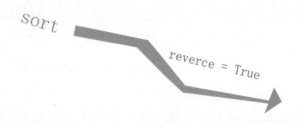

```
number=[6,324,2,1,4]
number.sort(reverse=True)
print(number)
```

打印输出

```
[324,6,4,2,1]
```

reverse 的参数使用布尔类型表示，值为 True 表示降序排列（从大到小），也可以使用整型数据 1 表示；值为 False 表示升序排列（从小到大），也可以使用整型数据 0 表示。

不管是升序排序还是降序排序，都不能改变原列表。思考一下，如何在不改变原来列表情况下对列表进行排序呢？我们需要先创建一个列表的副本，然后对副本进行操作即可。关于副本的创建，我们前面讲解列表分片的时候提到过，使用 [:] 可以表示所创建的副本。

```
number= [6,324,2,1,4]
newNumber=number [:] # 创建列表副本
newNumber.sort(reverse=True)
print(number)
print(newNumber)
```

打印输出

```
[6,324,2,1,4]
[324,6,4,2,1]
```

输出的结果没有使原列表发生任何改变，发生排序的是列表的副本，一般情况下我们都是需要创建副本的，所以创建副本的操作原则上是可以封装到一个列表当中的，而事实上 Python 也提供了一个函数——sorted 函数可以用来返回一个有序的排序列表。

```
number= [6,324,2,1,4]
newNumber=sorted(number,reverse=False)
print(number)
print(newNumber)
```

打印输出

```
[6,324,2,1,4]
[1,2,4,6,324]
```

sorted 函数有两个参数：一个参数放置列表，另一个参数用来放 reverse 参数。如果 reverse 赋值为 True，那么列表为降序排序；如果 reverse 赋值为 False，那么列表为升序排序。

随堂小练习

对下面的列表进行排序，并思考可以使用哪些方法进行排序。数字按照从小到大，字母按照字母表中由前到后的顺序进行排列。

```
number= [23,0,6,324,2,1,4]
letter= ["d","d","f ","a","s","f ","w"]
```

列表 number 可以使用选择排序、冒泡排序以及 sort 和 sorted 进行排序，列表 letter 可以使用 sort 和 sorted 进行排序。排序的方式可以参考前面所讲解的几种排序做法。

6.9 | 不可变列表——元组

前面我们已经讲解过如何对列表进行增删改查、如何对列表进行排序操作，这些都是改变列表数据的操作，而有些情况下我们不希望改变列表数据。Python 也提供了这样的数据结构，即元组。元组无法对数据进行任何修改，其中的元素可以是任何数据类型的数据。元组的表示非常简单，使用小括号即可。

```
number=(23,0,6,324,2,1,4)


number= [23,0,6,324,2,1,4]
newNumber=tuple(number)
print(newNumber)
print(list(number))
```

输出结果

```
(23,0,6,324,2,1,4)
[23,0,6,324,2,1,4]
```

元组和列表之间可以相互转换：元组转换为列表使用 list 函数；列表转换为元组使用 tuple 函数。

6.10 | 大牛挑战赛

1. 老师在上课提问的时候经常会不知道点哪个学生的名字。试创建一个学生的列表，并使用 random 随机数函数创建一个点名器。

2. 求出下列列表的所有整型数据之和，非整型数据不参与运算。首先需要遍历列表，同时判断列表项是否是整型数据，只有是整型数据才能进行累加求和。

```
number= [23,'a',6,324,'f ',1,4]
```

3. 设计一个程序，提示用户随机输入一个数字，判断这个数字是否能同时被2、3、5整除。

4. 设计一个 Python 程序，随机抽取 20 个 1~100 的整数。判断有哪些整数能同时被2、3、5整除，并将所有能整除的整数放进新创建的列表中，将列表遍历输出。

5. 设计一个 Python 程序，提示用户输入 8 个数到一个列表中，然后显示具有整数值元素的索引，并将索引放入列表中。

第7章 数据结构——字典

本章将主要介绍 Python 中字典（dict）的详解操作方法，包含字典创建、访问、更新、删除、遍历等。

7.1 认识字典

字典的英文全称是 dictionary，简写形式为 dict。字典是 Python 内置的一种数据类型。字典和列表、元组一样都是用来存储数据的，属于 Python 内建的数据结构，都属于基本数据类型。但是字典中的每个元素都是成对出现的，叫作键值对，key 表示键，value 表示值。键值对可以理解为通过联系人名称查找地址和联系人电话、QQ、微信等，我们把键（联系人名称）和值（联系人电话、QQ、微信等）联系在一起，键是唯一的，就好比人名是唯一的，如果出现两个相同的人名，就无法查到，但是值却可以对应多个。我们看一下联系人的字典该如何创建。

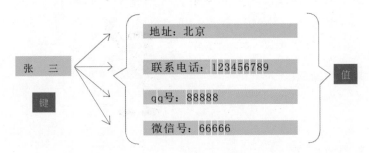

```
contacts={"张三":["北京","123456789","88888","66666"]}
            ①  ②                    ③
```

字典使用 { }（大括号）表示。① 表示字典的键，可以是字符串、元组等数据类型，但不能是列表。② 是：（英文状态下的冒号），表示键值对的分隔符，左边是键，右边是值。③ 表示字典的值，字典的值可以是任意数据类型，这里我们使用列表表示字典的值。一个字典里可以有多个键值对。

我们可以使用 Python 字典的一般语句进行字典的创建，比如根据 QQ 的昵称和 QQ 创建一个 QQ 通讯录。

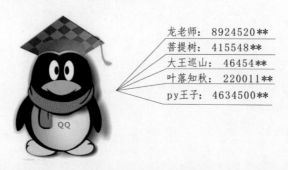

创建空字典

```
dict1={}
```

创建字典语句

```
dict2={key0:value0,key1:value1,key2:value2,...,keyn:valuen}
```

注意：字典里的 key 不能相同，但是 value 可以相同，体现到 QQ 中，可以理解为 QQ 号不能相同，但是昵称可以相同。

一个键和值称为一个键值对，键和值使用分号作为区分，键值对与键值对之间使用分号隔开。

创建字典

```
qq_number={"8924520**":"龙老师",
           "415548**":"菩提树",
           "46454**":"大王巡山",
           "220011**":"叶落知秋",
           "4634500**":"py 王子"}
```

7.2 如何增加键值对

前面已经讲解过字典和列表一样属于数据结构，所以我们可以对数据结构进行增删改查。首先我们看一下增加键值对到字典中的第 1 种方式。

创建字典

```
dict1={"a":1,"f":2,"h":4,"k":8,"n":1}
```

增加键值对

```
dict1={"a":1,"f":2,"h":4,"k":8,"n":1}
dict1["w"]=6
print(dict1)
```

输出结果

```
{"a":1,"f":2,"h":4,"k":8,"n":1, "w":6}
```

字典名 +[键]= 值，中括号中的是键，"dict1["w"]"表示值，然后将数字 6 进行赋值，就完成了键值对的添加。

总结增加键值对的第 1 种方式：直接对字典中不存在的 Key 进行赋值添加，而每次添加的值都会放在字典尾部，添加的公式如下：

添加键值对公式字典 [键]= 值

第 2 种方式使用 setdefault 函数进行添加，使用字典名调用该函数，然后将键和值放进小括号中。

创建字典

```
dict1={"a":1,"f":2,"h":4,"k":8,"n":1}
```

增加键值对

```
dict1={"a":1,"f":2,"h":4,"k":,"n":1}
dict1. setdefault("t",4)
print(dict1)
```

输出结果

```
{"a":1,"f":2,"h":4,"k":8,"n":1, "t":4}
```

同学们，千万不要忘记总结哦。

7.3 如何删除键值对

只需要删除键值对中的键，即可完成删除键值对的操作，可使用pop函数进行删除。

删除键值对

```
dict1={"a":1,"f":2,"h":4,"k":8,"n":1}
dict1.pop("n")# 根据键删除键值对
print(dict1)
```

输出结果

```
{"a":1,"f":2,"h":4,"k":8}
```

删除字典的另外一种方式是使用 del。用 del 指定删除的值，就完成了该键对应键值对的操作。

删除键值对

```
dict1={"a":1,"f":2,"h":4,"k":8,"n":1}
del dict1["a"] # 根据值删除键值对
print(dict1)
```

输出结果

```
{"f":2,"h":4,"k":8, "n":1,}
```

以上是删除字典两种不同的方式，pop 函数是根据键进行删除，而 del 则是根据值删除键值对。

7.4 | 如何修改键值对

如果 key 值存在，同时又给 key 匹配了一个新的 value，那么原键值对就会被覆盖，这个可以看作键值对的修改功能。

修改键值对

```
dict1={"a":1,"f":2,"h":4,"k":8,"n":1}
dict1["a"]=2# 重复赋值即为修改
print(dict1)
```

输出结果

```
{"a":2,"f":2,"h":4,"k":8, "n":1,}
```

7.5 | 查找和访问键值对

7.5.1 遍历键值对

前面我们讲解过 for 循环的遍历，通过循环将所有的列表元素输出，本小节我们将会讲解如何遍历键值对。要查找和访问键值对，我们首先要懂得如何遍历键值对。Python 提供了 items 函数，可同时取出键与值。

遍历键值对

```
dict1={"a":1,"f":2,"h":4,"k":8,"n":1}
dict1.items()
for i in dict1.items(): #i 每次循环输出的是一个键值对
    print(i)
```

输出结果

```
('a',1)
('f',2)
('h',4)
('k',8)
('n',1)
```

返回的是元组数据，第一个值为 key，第二个值为 value。如果想要遍历所有的键，或者是所有的值，可以将 i 变量分为两个变量，然后输出遍历。

遍历键值对 (key 或者 value)

```
dict1={"a":1,"f":2,"h":4,"k":8,"n":1}
dict1.items()
for key,value in dict1.items():
    print(key)
    print(value)
    print(key,value)
```

输出结果

```
a                        print(key)
1                        print(value)
a  1                     print(key,value)
f
2
f  2
h
4
h  4
...
```

和 i 变量不同的是，i 变量输出的是元组，而 key 和 value 变量输出的是字典中单个的 key 和 value 元素，key 和 value 的数据类型就是字典中原来 key 和 value 的数据类型。

7.5.2 键值对取值

键值对取值有两种方式：第一种方式根据 key 获取 value 值，第二种方式使用 get 函数获取 value 值。这两种方式在结果上没有任何区别，是等价的。

修改键值对

```
dict1={"a":1,"f":2,"h":4,"k":8,"n":1}
value1=dict1["a"]
value2=dict1. get("a")
print(value1,"---",type(value1))
print(value2,"---",type(value2))
```

输出结果

```
1 --- <class'int'>
1 --- <class'int'>
```

如何获取字典中所有的 key 和所有的 value？将所有 key 的 value 值添加进列表中，并输出结果，应该如何做？

输出 key 和 value 值

```
dict1={"a":1,"f":2,"h":4,"k":8,"n":1}
keys=[]
values=[]
for i in dict1:
    keys.append(i)
    values.append(dict1[i])
print(keys)
print(values)
```

输出结果

```
['a','f','h','k','n']
[1,2,4,8,1]
```

所输出的 key 和 value 值的列表相当于直接将字典分为两部分：一部

分是 key 列表，另外一部分是 value 列表，原字典中的 key 和 value 数据类型不变。

我们还可以通过 keys 和 values 函数获取字典中所有的 key 和 value 列表。

获取 key 或者 value 的列表

```
dict1={"a":1,"f":2,"h":4,"k":8,"n":1}
list1=dict1.keys() # 获取所有的 key 值
new_list1=list(list1) # 将 dict_keys 类型转化为列表
print(type(list1))
print(type(new_list1))
for i in new_list1:
    print(i)
```

代码解析

```
list1=dict1.keys()
```
使用字典调用 keys 函数，返回一个 dict_keys 的组合，这个组合不是列表类型，所以不能通过下标进行访问。如果想要获取所有 value 的值，只需要将 keys 函数更改为 values 函数即可。
```
new_list1=list(list1)
```
将 dict_keys 类型通过 list 函数强制转化为列表，并将列表全部输出。

7.5.3 如何判断字典是否存在某个键

```
dict1={"a":1,"f":2,"h":4,"k":8,"n":1}

if "a" in dict1:
    print(" 在 ")
else:
    print(" 不在 ")
```

如果要判断字典中是否存在某个键，直接使用关键字"in"就可以，和列表中是否存在某个列表元素的使用方法是一样的，都会返回一个布尔类型的数据，如果存在就返回结果 True，如果不存在就返回 False。

当然我们还有其他的方式，可以取出字典中所有的键，存储进列表中，然后通过遍历列表进行判断。实现同一个功能有多种方式，所以大家一定开阔思路，应用知识要灵活多变。思考一下，是否能够判断某一个值在字典中，以及该如何实现。

```python
value_input=int(input("请输入一个数字："))
dict1={"a":1,"f":2,"h":4,"k":8,"n":1}
values=[]

for key,value in dict1.items():
    values.append(value)
if value_input in values:
    print("您输入的数字在字典中")
else:
    print("您输入的数字不在字典中")
```

随堂小练习

1.如何遍历下列字典中列表的所有元素？

```python
dict1={"a":[2,3,4,5,667,8,45,56],
       "f":[213,445,6,7,889,34],
       "d":[234,434,5,67,89,34]}
```

练习解答

```python
dict1={"a":[2,3,4,5,667,8,45,56],
       "f":[213,445,6,7,889,34],
       "d":[234,434,5,67,89,34]}
for d in dict1:# 获取字典中的 key
```

```
# 通过键获取字典的 value, 然后遍历列表
for i in dict1[d]:
    print(i)
print("--------")  # 打印输出分隔线
```

打印输出结果

2		
3		
4	213	234
5	445	434
667	6	5
8	7	67
45	889	89
56	34	34
--------	--------	--------

2. 设计一个程序，使用字典来存储好朋友的信息，通过询问好朋友的姓名、年龄、居住的城市、电话、QQ 号等，将存储该字典中的每一项信息都输出打印出来。

练习解答

```
name=input("请输入你的姓名")
age=int(input("请输入你的年龄"))
city=input("请输入你所在的城市")
tele=int(input("请输入你的电话号码"))
qq=int(input("请输入你的QQ号"))
# 先转变为列表
str1_keys=["name","age","city","tele","qq"]
data_value=[name,age,city,tele,qq]
# 将信息存入字典
infor={}
for i in range(len(str1_keys)):
    sk=str1_keys[i]
    dv=data_value[i]
    infor[sk]=dv
# 将存入字典中的信息输出
for key_value in infor:
    print(key_value,infor[key_value])
```

7.5.4 字典数据结构总结

为什么我们反复强调总结呢？因为通过对知识点梳理才能够更加清晰，且不容易忘记，保证了对知识点的灵活运用。学习任何知识点，总结梳理环节都是必不可少的。

知识点 1

了解字典的一般格式：

```
dict2={key0:value0,key1:value1,key2:value2,...,
keyn:valuen}
```

知识点 2

对字典进行增删改查的操作。

```
dict1={"a":1,"f":2,"h":4,"k":8,"n":1}
```

① 增加键值对：两种方式

```
dict1["w"]=6
dict1.setdefault("t",4)
```

② 删除键值对：两种方式

```
dict1.pop("n")
del dict1["a"]
```

③ 修改字典

```
dict1["a"]=2
# 重复赋值即为修改
```

④ 判断某个键是否在字典中

```
# 使用关键字 in
if "t" in dict1:
```

⑤ 遍历字典：两种方式

```
for i in dict1.items():
#i 每次循环输出的是一个键值对
for key,value in dict1.items():# 每次循环输出的是字典中
```

对应的 key 和 value，可以将 key 和 value 分别放进列表中

第**8**章 抽象的函数

本章将主要介绍什么是函数以及如何定义函数，利用函数来封装基础的算法。

8.1 认识函数

什么是函数呢？函数就是完成一个小任务的功能模块。我们前面所学习的 print()、random() 等都是函数，这些函数都有一定的功能。print() 函数的功能就是打印输出，random() 函数的功能就是取随机数。

函数就像我们搭建乐高玩具的积木块。每一个函数都有特定的功能，每一个积木也有特定的功能。我们可以使用各种各样的积木块拼装成一个完整的结构。

函数有各种各样的类型：无参函数、有参函数、有返回值函数、无返回值函数。

8.1.1 无参函数

我们定义一个具有输出功能的函数 print_demo。

```
def print_demo():
    print("hello world")
print_demo()
```

def 定义函数关键字，不调用不执行

函数名，命名方式和变量类似

括号中没有值说明是无参函数，用来传值；
冒号用来开启新的代码块

这里的代码块只写一个 print 的输出语句

调用函数，形式为"函数名 + 小括号"

在这里我们定义了一个具有输出字符串"hello world"功能的函数。def 是 defult 的缩写，英文意思指不履行，用于定义函数。def 所定义的函数如果不调用是不被执行的，它是 Python 中的关键字。print_demo 指函数名，函数名是自定义的，函数名的命名一般由小写字母、数字、下划线组成。数字不能放在第一位。和变量的命名是一致的。小括号里面用于放置参数，如果没有参数，该函数就是无参函数类型。小括号后面跟一个冒号，说明要开启一个代码块，所有第二级代码要空出一个 table 键或者是 4 个空格。然后编写代码块的语句，这是只有一个 print 的输出语句。最后一行代码调用函数。先调用函数再创建函数，函数调用和函数创建的顺序不能颠倒，否则会报错。使用函数名 +() 可进行函数的调用。

函数调用的最大优点就是增加代码的复用性、减少代码的冗余，使代码看起来非常简洁。

尝试创建函数，使得所创建的函数能输出以下"*"的造型。

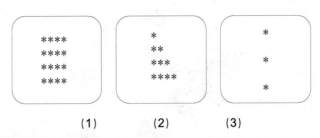

```
****        *           *
****        **
****        ***         *
****        ****
                        *
  (1)       (2)        (3)
```

```
def star_print1():
    for j in range(4):
        for i in range(4):
            print("*",end="")
    print("\n")
star_print1()
```

要先勇敢尝试做一下哦!

```
def star_print2():
    for j in range(4):
        for i in range(j+1):
            print("*",end="")
    print("\n")
star_print2()
```

```
def star_print3():
    for i in range(6):
        if i%2 == 0:
            print("*")
        else:
            print(" ")
star_print3()
```

要先勇敢尝试做一下哦!

8.1.2 有参函数

有的函数需要在调用的时候传递一些参数，之后就可以使用参数了，这类函数叫作有参函数。

如果要创建一个可以比较大小的函数，首先需要给这个函数传递两个可以比较大小的数据，然后调用函数比较大小，并将较大值输出。

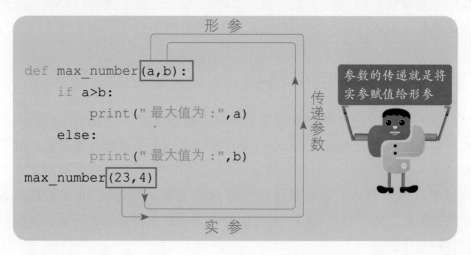

形参

```
def max_number(a,b):
    if a>b:
        print("最大值为 :",a)
    else:
        print("最大值为 :",b)
max_number(23,4)
```

传递参数

参数的传递就是将实参赋值给形参

实参

在调用有参函数时,有几个参数就要传递几个,比如(a,b)有两个参数,我们在调用的时候就要传递两个参数,并且还要传递对应的数据类型。例如,对(a,b)进行大小比较,就能确定这是整型数据或者是浮点型数据,如果传入字符串就会出现错误提示。

(23,4)是能读出数值的参数,是实际的参数,这种参数叫作实参;(a,b)是形式上的参数,需要传递参数才能使用,叫作形参。

设计一个可以进行冒泡或者选择排序的函数,并调用函数。对比 sort/sorted 函数,加深对函数的理解。

```python
def sort_demo(number):
    for j in range(0,len(number)-1):
        for i in range(j,len(number)-1):
            if number[j]>number[i+1]:
                number[j],number[i+1]=number[i+1],
                number[j]
    print(number)
number=[12,3,445,5,6,0,7,78]
sort_demo(number)
```

黄色区域内是我们封装好的方法,如果想进行排序,只需要调用 sort_demo(number) 函数即可,而不需要再进行任何排序,可以看出来,我们原来所使用的 sort 函数还有 sorted 函数都进行了大量的封装,只需要调用即可,这样可以让代码变得非常简洁,并且功能也非常强大。

8.1.3 有返回值函数

我们在学习过程中经常会讲到某某函数返回了一个数据,可以使用某个变量去接收。例如,在 num=int("3") 中,int 是一个有参函数,我们传进了一个字符串 3,当传参调用 int 函数的时候会返回一个数据,这个数据使用 num 接收,也就是说赋值给 num 函数,所以说 int 函数是有返回值的函数。本小节让我们一起探讨一下返回的值是如何进行返回并提供给我们使用的。

如果我们要设计一个比较两个整数大小并将较大值返回的程序，应该如何实现呢？返回某一个值可以使用关键字 return 后面加要返回的数据来实现。

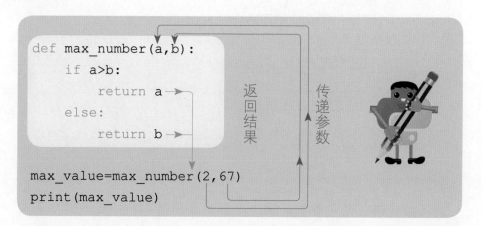

```
def max_number(a,b):
    if a>b:
        return a
    else:
        return b

max_value=max_number(2,67)
print(max_value)
```

返回结果　传递参数

max_number(2,67) 调用函数并将实参传递给形参，在 def 函数中对所传进来的实参进行大小的比较，并将比较的结果返回，所以我们需要使用 max_value 变量进行接收，最后将 max_value 打印输出，就可以得到较大值了。

只要有 return 关键字就是一个有返回值的函数。如果我们希望得到最后执行的结果，并且希望这个结果能返回，就可以使用 return 关键字让程序返回一个结果。具体什么时候使用 return 要视具体情况而定。

return 关键字是一个返回结束的标志，也可以什么都不返回，执行到 return 就让程序结束。return 后面如果有值就会返回，如果没有值就结束并返回 None。

摄氏度是我们平常使用的温度单位。华氏度也是一种温度计量单位，有很少的国家在使用。设计一个函数，将摄氏度和华氏度相互进行转换。摄氏温标 (C) 和华氏温标 (F) 之间的换算关系为：

$$F=C\times1.8+32$$
$$C=(F-32)\div1.8$$

```
# flag=0 说明摄氏度转华氏度
# flag=1 说明华氏度转摄氏度

def temperature(flag,temvalue):
if flag == 0:
    return temvalue*1.8+32
else:
    return (temvalue-32)/1.8

t=temperature(1,37)
print(t)
```

此函数传递了两个参数。第一个参数表示是进行摄氏度转华氏度还是华氏度转摄氏度：如果参数为 0，就表示摄氏度转华氏度，如果参数为 1，就表示华氏度转摄氏度。第二个参数表示传递的温度数值。根据 flag 的值进行计算，并将结果返回，return 后面可以跟一个公式，这个公式在返回的时候就会计算出结果（按照数学中四则混合运算的法则进行计算）。

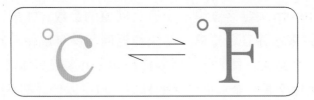

随堂小练习

1.获取用户输入的一组整数，整数与整数之间空一个空格。将用户输入的这组整数转化为列表，然后封装一个函数，对列表进行降序排序。

```
def sort_demo(lists):
    lists.sort(reverse=True)
    return lists
```

```
str=input("请输入一组带有空格的整数")
list1=str.split(" ")
new_list1=[]
for i in list1:
    new_list1.append(int(i))
list2=sort_demo(new_list1)
print(list2)
```

代码解析

首先定义了一个 sort 排序函数，该函数返回一个列表，当然也可以使用其他的排序算法定义函数。

然后获取用户输入的整数，用户输入的整数与整数之间需要使用空格隔开，这样有利于将其分割为列表。还可以使用 split 函数对列表进行分割，比如 list1=str.split(" ") 表示使用空格将用户输入的一组数据进行分割，返回一个列表元素为字符串的列表。最后通过循环遍历将列表中的元素强转为 int 类型，并调用函数排序，打印输出排序后的列表。

2. 编写一个函数，检查并获取传入列表元素的偶数。将偶数列表按照从小到大排列，再将新列表返回给调用者。

```
lists=[12,33,545,566,8,99,9,56,0,24]
list1=[]
```

```
def getEven_number(lists):        函数 1
    for i in lists:
        if i%2 == 0:
            list1.append(i)
    return list1
```

```
def sorting(lists):               函数 2
    lists.sort()
    return lists
```

```
new_list1=getEven_number(lists)
new_list2=sorting(new_list1)

print(new_list2)
```

第一个函数将列表中的值进行遍历并取出偶数，添加到另外一个列表中。第二个函数使用 sort 进行升序排序。两个函数都会返回一个处理过的列表。最后对函数进行调用，打印输出。

经过前面几个函数类型的学习，我们对函数已经有了更加深入的了解。要多做总结，在学习过程中灵活使用，才能够真正达到学习的目的。

8.2 | 变量作用域

什么是变量的作用域？就是变量在程序中所在的位置和作用范围。

8.2.1 局部变量和全局变量

变量根据作用域可分为局部变量和全局变量。局部变量仅在函数内部，且作用域也在函数内部。全局变量的作用域跨越多个函数。

```python
lists=[12,33,545,566,8,99,9,56,0,24]
list1=[]
def getEven_number(lists):
    for i in lists:
        if i%2==0:
            list1.append(i)              # 函数 1
    return list1
def sorting(lists):
    lists.sort()                          # 函数 2
    return lists

new_list1=getEven_number(lists)
new_list2=sorting(new_list1)

print(new_list2)
```

函数 1 中的 lists 形参只能在该函数内使用，脱离了该函数就会报错，所以是局部变量。函数 2 中的 lists 形参和函数 1 中的 lists 形参是完全一样的，函数 2 中的形参同样只能在该函数内进行使用，也叫作局部变量。

列表 lists 在整个程序中都可以使用，所以是全局变量。列表的 lists 和两个函数中的形参 lists 是完全不同的变量，没有任何联系，所以千万不要混淆了。

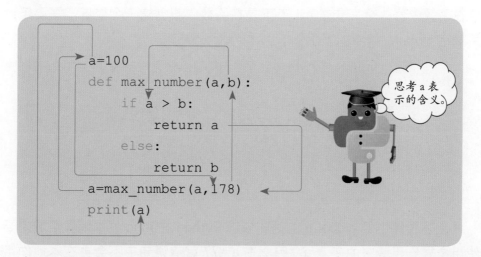

在知道 a 所表示的含义之前我们先来理清一下 a 在程序中执行的流程：①在调用函数 max_number 的时候首先将 a 的值作为实参，进行函数参数传递；②将实参 a 传递给形参 a；③在函数内部进行使用；④将返回的结果给所调用的函数 max_number(a,178)；⑤给变量 a 重新赋值；⑥打印输出赋值后的 a 值。

a=100 中的 a 表示的是全局变量；max_number(a,178) 中的 a 表示使用全局变量中的 a；def max_number(a,b) 中的 a 表示形参，传递过之后的参数只能在函数内部起作用；a= 返回值中的 a 表示给全局变量重新赋值；print(a) 表示将全局变量赋值之后的 a 打印输出。

8.2.2 global 关键字

```
a=45
def func():
    a=77
func()
print(a)    # 输出 45
```

上面的程序在 func 函数中将 a 赋值为 77, 打印输出的结果却为 45。因为 func 函数中并没有全局变量 a, 因此 Python 会在 func 函数的本地作用域创建一个变量 x, 也就是说 func 函数中的 a (也可以理解为 x) 并非 a=45 中的 a, 这样也就能够理解为什么最后程序输出依然为 45 了。若想要在函数中修改全局变量 a, 而不是在函数中新创建一个变量, 需要用到关键字 global, 请看如下示例:

```python
a=45
def func():
    global a
    a=77
func()
print(a) # 输出 77
```

上述程序中的 global a 的语句告诉 Python 在 func 的本地作用域内要使用全局作用域中的变量 a, 因此在 a=77 赋值语句中不会再在本地作用域中新建一个变量, 而是直接引用全局作用域中的变量 a, 所以程序的最后结果输出为 77。

8.3 程序模块

8.3.1 认识模块

Python 中封装了很多模块, 这些模块其实就是函数的集合, 但是比函数要更加高级。在进行一些操作的时候会有各种各样的模块, 比如文件处理、图像处理、网络爬虫等。在使用模块的时候利用导入功能来调用。在具体编写语言的时候可以直接调用与模块有关的函数, 一般模块的文件类型是 py。在 Python 的 lib 文件夹中封装了很多文件后缀为 py 的模块, 如图 8.1 所示。

图 8.1 后缀为 py 的模块

可以把模块理解为一个生产车间，而函数是生产车间的机器，不同的生产车间能加工出不同的产品，一个生产车间内会有多种机器产品。

车间 / 模块

机器 / 函数

8.3.2 导入模块

在前面展示的 Python 模块中，有一个叫 random.py 的模块。这个模块在前面的课程中提及过，本小节将会详细讲解模块的导入方法。如果我们要使用某一个模块，首先要使用 import 关键字导入该模块，形式为 import（导入、引入的意思）＋ 模块名（不含后缀的文件名）。

例如，要导入 random 模块，可以这样做：

```
import random
```

我们如何使用random 模块中的函数呢？模块名＋点＋函数名。其中，点是英文状态下的点"."表示调用的意思。可以在网上查阅 random 模块的帮助文档，从而了解更多 random 模块封装的函数，然后进行使用。下面举一个例子。

```
import random
a=random.random()
print(a)
```

这两个 random 是模块名

这一个 random 是 random 模块中的 random 函数。模块名是可以和本身的函数名相同的

输出结果（0~1 的随机小数）
0.4265508913698651

　　在导入模块的时候，我们也可以采用 "import random as r" 的这种写法，使用关键字 as，就好比给模块起了一个小名 r，而 random 则是模块的大名，使用小名 r 调用函数也是一样的。

　　random 模块中有很多函数，如果我们想要使用特定的函数，应该如何做呢？比如使用 random 模块中的 choice 函数。

```
from random import choice
name=choice([" 小王 "," 小张 "," 小李 "])
print(name)
```

　　使用 "关键字 from+ 模块名 + 关键字 import+ 函数名" 是导入模块中特定函数的一种方式。通过上面的设置，我们可以直接使用导入的 choice 函数。如果 choice 函数导入了而 random 函数没有导入就用不了。如果我们想使用所有的函数，可以使用 " * " 通配符，例如：

```
from random import *
name=choice([" 小王 "," 小张 "," 小李 "])
a=random()
print(name)
print(random)
```

　　前者不需要再使用模块名调用，但是后者需要使用模块名调用，代码看起来会比较冗长。

```
import random
```
VS
```
from random import *
```

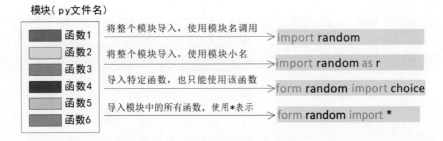

模块 (py 文件名)

函数1	将整个模块导入，使用模块名调用	import random
函数2	将整个模块导入，使用模块小名	import random as r
函数3	导入特定函数，也只能使用该函数	form random import choice
函数4		
函数5	导入模块中的所有函数，使用*表示	form random import *
函数6		

8.3.3 创建模块

我们已经知道了模块的组成以及模块的调用规则，可以尝试创建一个模块，然后去调用它。

```
def max_number(a,b):
    if a>b:
        return a
    else:
        return b
```

我们可以定义多个函数，这里只定义一个返回较大值的函数作为例子，定义好之后关闭 py 文件，然后给模块取一个名字叫 "max_num"。接着调用这个模块并且使用这个模块中的函数。

```
from max_num import max_number
n=max_number(12,4)
print(n)
```

学过本章节之后是否能封装出一些函数让他人使用呢？

8.4 大牛挑战赛

1. 编写两个函数，功能是获取用户输入的两个整数，然后求两个整数的最大公约数和最小公倍数。

这两个数的最大公约数为 5，最小公倍数为 5×9×11 的积。

2. 求公式 $1^3+2^3+3^3+...+n^3=k$ 的 k 值，要求使用函数，n 由键盘输入，函数的功能是累计 n 的立方之和的 k 值。如果输入的 n 为 3，那么 k 的公式就为 $1^3+2^3+3^3$，k 的结果就为 1~3 的立方之和。

3. 对某一正整数进行递减，每次将该数减半后再减 1，当对该数进行第 20 次减半时，发现只剩下 1 了，不能再递减。该数是否存在？如果存在就编程求出该数。

4. 编写一个程序，让用户输入 3 个整数长度，判断这 3 个整数长度能否组成一个三角形，要求使用函数进行封装。组成三角形的规则是三角形任意两边之和大于第三边。

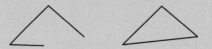

5. 设计一个函数，从键盘输入圆球半径的值，计算圆球的体积并打印输出。（圆球体积的计算公式为 $v=4/3\pi r^3$）

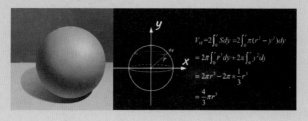

第 **9** 章 类与对象

本章将主要介绍什么是面向对象，以及类的封装、继承、多态，掌握如何创建和使用类。

9.1 什么是面向对象

在讲解面向对象之前，我们先来了解一下什么是面向过程的编程思想。举例子说明一下：把大象装冰箱一共分几步？

面向过程的思想

第一步把冰箱门打开；第二步把大象放进去；第三步把冰箱门关上。这是一个连续的步骤，顺序不能有错。这就是典型的面向过程的思想，C语言就是面向过程的编程思想。一步一步按照顺序执行。

面向对象的思想

直接请个人，让这个人将大象装进冰箱，不管过程是怎样的，目的就是将大象装进冰箱。也可以理解为拿来主义，就是想达到某一个目的时不用自己亲自去做所有的任务，只需要调用即可。Python 和 Java 是强面向对象的语言。

在面向对象编程中有一个非常重要的概念，叫万物皆对象。所有的事物都能当作对象，汽车、文具盒、书包、住宅单元、球都可以理解为对象。这些对象有很多分类，汽车和文具盒肯定不是同一类的，所以有了分类之后才会有对象，类是抽象的概念，而对象是具体的（某一个文具盒或者汽车）。每一个文具盒或者汽车都不一样，那么怎么知道它属于汽车还是文具盒呢？通过类的共性得知，文具盒类有文具盒的共性，汽车类有汽车类的共性，这些共性可以理解为类，对象就是类的实例（也就是具体的例子）。

9.2 | 编程中的类与对象

学生是一个类，因为学生都有一些共性，那么如何描述学生类的共性呢？学生的共性比如都有姓名、年龄、性别、班级，都要学习、玩耍。这些共性又可以分为两部分：一部分是属性，一部分是方法。

学生类

属性（静态）：姓名、年龄、性别、班级
方法（动态）：学习、玩耍

那么我们该如何描述一个具体的对象（学生）呢？

学生对象

属性（静态）：张梓涵、12 岁、女、6 年级
方法（动态）：去图书馆学习、周末公园玩耍

我们描述其他的学生对象也可以使用这种方式，虽然每一个对象都是基于对象创建的，但是每一个对象都是不一样的。我们可以基于这个类创建 *n* 个对象。

关键字 class：用户类的定义
类名：开头字母大写
冒号表示类是"有内容"的

```python
class Students:  # 定义学生类
    # 定义属性
    name=""
    age=0              定义类的属性
    gender=""
    grade=0

    # 定义普通（函数）方法
    def learn(self):
        print(" 我经常去图书馆学习 ")
                                          定义类的方法
    def play(self):
        print(" 我周末喜欢去公园玩耍 ")
```

class Students: # 定义学生类

在这里我们定义了一个学生类 Students。class 是定义类的关键字，中文是班级的意思，在这里表示类的定义。Students 表示类名（类名使用开头为大写字母、具有一定意义的单词表示）。如果定义的是 Students 类，就不能使用 Fruit（水果）。冒号一般预示要开启一个代码块。代码块就是每个连续层级的代码，比如 Students 冒号下的所有代码

都属于它自己的代码块, 如果其下有一个 if-else 语言, if-else 冒号之下属于 if-else 所在的代码块, 同时也都属于 Students 冒号下的代码块。

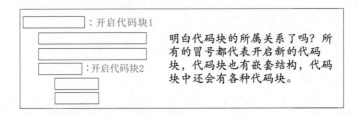

明白代码块的所属关系了吗? 所有的冒号都代表开启新的代码块, 代码块也有嵌套结构, 代码块中还会有各种代码块。

```python
class Students:#定义学生类
    #定义属性
    name=""
    age=0          定义类的属性
    gender=""
    grade=0
sut1=Students()
sut1.name=" 张梓涵 "
sut1.age=12
sut1.gender=" 女 "
sut1.grade=6
```

类包含属性和方法, 我们给 Students 类定义了 4 个属性, 4 个属性的类型要根据实际的数据类型定义, 首先给定义的属性赋空值, 赋值的类型就表示变量的类型。这里所说的空值和 None 是不一样的, None 表示什么都没有, 而空值有值, 只是值是空的, 空数据占据了一个位置。

sut1=Students() 表示创建对象, 也叫实例化对象, 类名 + 括号表示对象的创建, 然后给所创建的对象取一个对象名 stu1。我们在给类的属性赋值时, 就好比让一个学生加入学生类, 这个学生有了姓名、年龄、性别和班级后, 我们就可以使用各项值了。

```python
#定义普通〔函数〕方法
def learn(self):
    print(" 我经常去图书馆学习 ")        定义类的方法
def play(self):
    print(" 我周末喜欢去公园玩耍 ")
```

上面定义了两个普通方法。这里所定义的方法其实就是前面所学习的函数，只不过是叫法不同而已，两者没有任何区别。也有人称函数为子程序，子程序执行一个指定的运算或操作。我们在类的函数中统一称函数为方法。

在定义方法的时候会有一个 self 的参数。self 参数只有在类的方法中才会有，独立的函数或方法是不必带有 self 的。self 在定义类的方法时是必须有的，虽然在调用时不必传入相应的参数，但是 self 参数本身就是实例对象，哪个对象调用了类中的方法，self 就会将这个实例化对象默认传进去。

```
# 定义普通（函数）方法
def learn(self):
    print(" 我经常去图书馆学习 ")          定义类的方法
def play(self):
    print(" 我周末喜欢去公园玩耍 ")
sut1=Students()
sut1.name=" 张梓涵 "
sut1.age=12
sut1.gender=" 女 "
sut1.grade=6
stu1.learn()
```

输出结果

我经常去图书馆学习

stu1 这个对象调用了类的方法 learn()，并执行类的方法，这时 self 的参数指的就是 stu1。

9.3 | 构造函数

创建对象

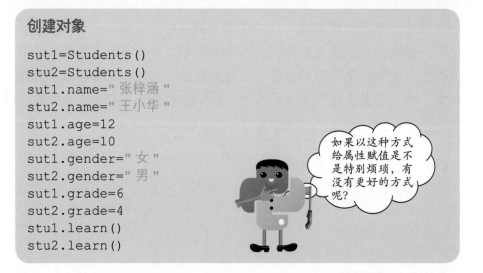

```
sut1=Students()
stu2=Students()
sut1.name=" 张梓涵 "
stu2.name=" 王小华 "
sut1.age=12
sut2.age=10
sut1.gender=" 女 "
sut2.gender=" 男 "
sut1.grade=6
sut2.grade=4
stu1.learn()
stu2.learn()
```

> 如果以这种方式给属性赋值是不是特别烦琐，有没有更好的方式呢？

Students 类可以理解为一个模板。类本身是不被执行的，我们可以根据这个类创建多个对象，但是每创建一个对象都需要给属性赋值，这样就会使代码很冗长。

如果在创建对象的时候直接把属性的值放到类中是不是会方便很多呢？ Python 已经给我们提供了这样的方法，即 __init__() 方法，只要创建对象，这个方法就会自动被执行，所以叫作构造方法。这个方法能够帮助我们完成对象属性的初始化。

```
class Students: # 定义学生类
    # 初始化属性
    def __init__(self,name,age,gender,grand):
        self.name=name
        self.age=age
        self.gander=gender
        self.grand=grand
    # 定义普通 (函数) 方法
    def learn(self):
        print(" 我经常去图书馆学习 ")
    def play(self):
        print(" 我周末喜欢去公园玩耍 ")
```

创建对象

```
sut1=Students("张梓涵",12,"女",6)
print(sut1.name)
```

创建对象

张梓涵

在创建 stu1 对象的时候，调用 __init() 构造函数，并且将 4 个属性的值一一对应传递给 __init__() 构造函数中的参数，然后进行赋值操作。

赋值的时候为什么要采用"self.name=name"这种方式呢？

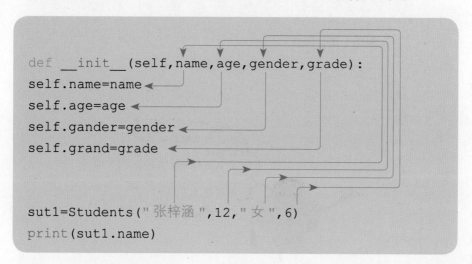

```
def __init__(self,name,age,gender,grade):
self.name=name
self.age=age
self.gander=gender
self.grand=grade


sut1=Students("张梓涵",12,"女",6)
print(sut1.name)
```

看一下数据传递的流程就会明白"张梓涵"这个字符串是如何输出的：首先创建 stu1 对象，调用 __init__() 函数，初始化属性值，然后 stu1 调用 name 属性值（调用属性是不加括号的），最后打印输出所调用的属性值。我们先对创建类和对象进行总结，之后尝试创建一个类，最后根据该类创建几个对象。

类的创建总结

```
class 类名 :# 定义学生类
    # 初始化属性
    def __init__(self, 属性 1, 属性 2,..., 属性 n):
        self. 属性 1= 属性 1
        self. 属性 2= 属性 2
        ...
        self. 属性 n= 属性 n


    # 定义普通 (函数) 方法
    def 方法名 1(self):
        代码块 1
    def 方法名 2(self):
        代码块 2
    ...
```

> 总结的目的是让我们能够举一反三，将知识点梳理清楚，之后就可以像使用公式一样创建类了。

　　创建一个计算机的类 Computers，计算机的属性有品牌、价格、颜色和大小，计算机的方法有打字、安装软件。然后尝试调用输出计算机的属性和方法。

```
class Computers: #定义计算机类
    #初始化属性
    def __init__(self,brand,price,color,size):
        self.brand=brand
        self.price=price
        self.color=color
        self.size=size

    #定义普通（函数）方法
    def print_words(self):
        print("我可以打字哦")
    def install_soGs(self):
        print("我可以安装软件")
c=Computers("HUAWEI",1998.8,"black",14)
c.print_words()
print(c.brand)
```

进行以上调用，最后输出的结果是什么呢？直接输出 print_words 方法下的 print 语句和 brand 属性，如果把对象调用的值做一些修改，判断一下最后输出的结果是怎样的。

```
class Computers: #定义计算机类
    #初始化属性
    def __init__(self,brand,price,color,size):
        self.brand=brand
        self.price=price
        self.color=color
        self.size=size
    #定义普通（函数）方法
    def print_words(self):
        print("我可以打字哦")
    def install_soGs(self,chip):
        print(self.brand+"可以安装软件"+"内置的是"+chip"芯片")

c=Computers("HUAWEI",1998.8,"black",14)
c.install_soGs("麒麟")
c.price=1588
print(c.price)
```

输出结果

HUAWEI 可以安装软件内置的是麒麟芯片
1588

针对于这个输出结果，有 2 个知识点需要大家掌握：一是属性的变量在同一个类的方法中可以使用，叫作实例变量；二是如果要修改属性的参数，使用新创建的类调用需要更改的属性，然后重新赋值即可。

9.4 类变量和实例变量

```
class Students: # 定义学生类
    gender="male"                              类变量 ——→ 在类中 / 公有变量
    # 初始化属性
    def __init__(self,name,age,grade):
        self.name=name
        self.age=age                           实例变量 ——→ 在方法中 / 私有变量
        self.grade=grade
    # 定义普通（函数）方法
    def learn(self):
        print(" 我经常去图书馆学习 ")
    def play(self):
        print(" 我周末喜欢去公园玩耍 ")
stu1=Students(" 小明 ",12,6)
stu2=Students(" 小亮 ",11,5)                   / 输出打印
stu1.gender="female"
print(stu1.name,stu1.age,stu1.grade)          / 小明 12 6
print(stu2.name,stu2.age,stu2.grade)          / 小亮 11 5
print(stu1.gender)                            /female
print(stu2.gender)                            /female
```

类变量

类变量就是在类中、方法外所创建的变量，作用是补充描述说明类。类变量是所有对象公有的，其中一个对象将它的值改变，其他对象得到的

就是改变后的结果。比如 stu1 修改了 gender，stu2 打印输出 gender 的结果也修改了。

实例变量

实例变量就是在类的方法（一般是 __init__ 函数）中声明的变量。实例变量为对象所私有，一个对象改变不会影响其他对象。stu1 对象初始化和 stu1 对象的初始化值是不同的，这是两个不同的对象。

9.5 | Python 类的封装

当我们在手机上查询银行卡余额或者进行转账的时候，很多情况下需要我们输入用户名和密码，实际上银行卡的安全度是非常高的，这得益于软件工程师所做的大量安全工作。本节我们就来简单模拟银行卡的余额查询功能。

```python
# 定义
class Cards:
    def __init__(self,account,password,balance):
        self.account=account
        self.password=password
        self.balance=balance
    def deposit(self):
        print("进行存款")
# 创建一张有账号、密码、存款的银行卡对象
c=Cards("acc123","88888","2800")
b=c.balance
print(b)
```

已经初始化创建了一个银行卡的类 Cards 和银行卡的对象 c，当我们使用银行卡的对象 c 调用 balance 余额的时候，就会发现可以直接使用（外部可以直接调用类的属性），如果银行这样做的话就会非常不科学，也不够安全。那么我们如何做才能够使银行卡的对象 c 不被随意访问呢？

```python
# 定义
class Cards:
    def __init__(self,account,password,balance):
        self.account=account
        self.password=password
        self.__balance=balance
    def deposit(self): print("进行存款")
    def getbalance(self,account,password):
        if self.account=account and self.
        password=password:
            return self.__balance
        else:
            print("密码不正确")

# 创建一张有账号、密码、存款的银行卡对象
c=Cards("acc123","88888","2800")
b=c.getbalance("acc123","88888")
print(b)
```

我们需要将 balance 属性变成私有化属性，不能直接进行访问，只需在属性前面加两个下划线即可，这时再调用输出 b 的值，程序就会报错，无法直接进行访问。但是我们又需要访问 balance 属性，应该怎么做呢？我们需要在类中再定义一个方法 getbalance，并且在调用的时候要传入账号和密码，在账号和密码都正确的情况下才能得到返回的结果 self.balance。这样通过在类的内部进行访问，相对来说是比较安全的，但并不是绝对安全，我们在外部依然可以通过 c._Cards__balance 语句调用属性 balance，因为 Python 本质上并不完全支持私有化。当然我们可以使用其他的方式，因为理解难度比较大，这里就不做过多介绍了。

在 Java 编程中，我们会通过 setter 和 getter 的方法设置和获取对象的属性值。在 Python 编程中，刚才我们已经通过 get 的方式获取了 balance 属性的值。如果发生了一笔转账，银行卡多了一定数额的钱，就需要修改 balance 的值，你能参考 get 方法创建一个能够修改 balance 值的方法吗？

```python
def setbalance(self,account,password,balance):
    if self.account=account and self.password=password:
        self.__balance=balance
    else:
        print("设置失败")
```

```python
# 创建一张有账号、密码、存款的银行卡对象
c=Cards("acc123","88888","2800")
c.setbalance("acc123","88888",3888)
b=c.getbalance("acc123","88888")
print(b)
```

输出结果

3888

不能让外面的类随意修改一个类的类变量和实例变量，这就叫作类的封装性。类有三大特点：封装、继承、多态。一开始没有介绍类的封装，而放在后面讲解的原因是为了能够更容易理解什么是类的封装。就好像我们把重要的财物放到保险柜里一样，不是任何人都可以拿走的，只有拥有权限的人才能够拿走财物。

9.6 Python 类的继承

前面我们讲解过学生类、计算机类、银行卡类，这些类上面或者下面有没有其他的类呢？比如学生类上面是人类，学生类下面还有男学生类、

女学生类等，这些类之间的层级关系就叫作继承。

在现实生活中，我们认为继承一般是继承父母的财产等。在编程中继承是指两个类或者多个类之间的父子关系，子进程继承了父进程的所有公有实例变量和方法。继承实现了代码的重用。重用已经存在的数据和行为，减少代码的重新编写。

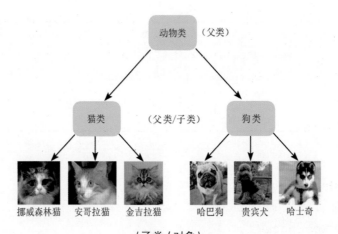

（子类/对象）

从上面这个层级关系可以看出，动物类是猫类和狗类的父类，而猫类和狗类不仅是动物类的子类还是各类猫和各类狗的父类。

类与类之间存在着继承的层级关系。我们以上面动物之间的层级关系为例子，以代码形式呈现它们之间的关系。

```python
# 定义动物类
class Animal:

    def __init__(self,gender,color):
        self.gender=gender
        self.color=color

    def eat(self):
        print(" 动物们要吃饭了 ")
    def play(self):
        print(" 动物们特别喜欢玩耍 ")
# 定义猫类并继承父类
class Cat(Animal):
    pass
# 实例化对象
bosi=Cat()
```

在这里创建了一个 Animal 的父类，并且给 Animal 的父类创建了初始化属性方法和普通方法。创建 Cat 猫子类时，在 Cat 后加小括号，小括号后面写上父类，就表示继承关系。Cat 类中并没有创建初始化属性的方法和普通方法，使用关键字 pass 表示省略所有的代码块。然后使用 Cat 类创建子类并运行。运行得到图 9.1 所示的错误提示（类型错误，_init__() 缺少两个必需的位置参数："性别"和"颜色"）。

```
Python 3.7.3 Shell                                              -  □  ×
File  Edit  Shell  Debug  Options  Window  Help
Python 3.7.3 (v3.7.3:ef4ec6ed12, Mar 25 2019, 22:22:05) [MSC v.1916 64 bit (AMD64)] on win3
2
Type "help", "copyright", "credits" or "license()" for more information.
>>>
================ RESTART: C:\Users\Administrator\Desktop\a.py ================
Traceback (most recent call last):
  File "C:\Users\Administrator\Desktop\a.py", line 18, in <module>
    bosi = Cat()
TypeError: __init__() missing 2 required positional arguments: 'gender' and 'color'
>>>
```

图 9.1 错误

说明子类继承了父类的属性方法，所以我们要进行参数传递，初始化属性。

```
# 实例化对象
bosi=Cat(" 母 ","gray")
print(bosi.gender)
bosi.eat()


输出结果
母
动物们要吃饭了
```

在子类初始化父类的属性之后，子类调用父类属性的时候就可以打印出值了。另外，当子类调用父类的普通方法时，普通方法会执行，说明子类继承父类，继承了父类中的属性方法和普通方法。

接下来我们可以给 Cat 类添加上属性方法和普通方法，测试一下所创建的 Cat 对象在调用属性和普通方法的时候调用的是父类还是子类的方法。

```
# 定义猫类并继承父类
class Cat(Animal):
    def __init__(self,name,age):
        self.name=name
        self.age=age

    def eat(self):
        print(" 我是金吉，我要吃饭了 ")

    def run(self):
        print(" 动物们喜欢奔跑 ")

# 实例化对象
bosi=Cat()
```

现在子类和父类都有 __init__() 方法，我们先创建 Cat 类的对象但不传递参数。只要创建对象就会执行构造函数，在构造函数中如果不传参数就会报错，如图 9.2 所示。能够从错误信息中看到是哪一个方法被执行了。

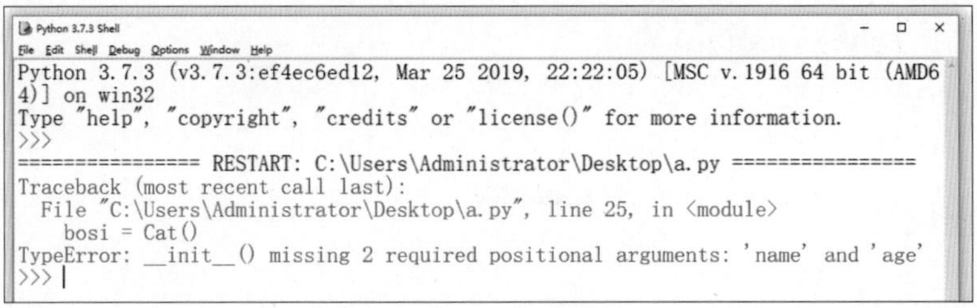

图 9.2 不传参的错误

从上述错误信息中，可以明显看出是子类的构造函数被执行了。接着我们继续使用子类对象调用普通方法。

```
# 实例化对象
c=Cat(" 金吉 ",2)
c.eat()
c.run()
```

输出结果

我是金吉，我要吃饭了
动物们喜欢奔跑

子类对象在调用父类的普通方法时，如果子类有这个方法，就会执行子类的；如果子类没有这个方法，就会执行父类的，也可以理解为会优先执行子类的普通方法。子类的优先权是默认先执行的。

理清了子类和父类的调用关系之后，我们要对所学的知识点进行整理。需要整理到哪种程度呢？只看一眼就能记住或者回忆起来的程度。不管你采用什么样的方式，比如可以采用思维导图，也可以采用视觉化比较的形式。

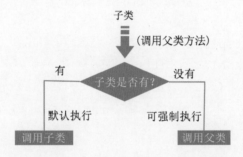

随堂小练习

1. 创建 Person 类，属性有姓名、年龄、性别，创建方法 personInfo，并打印输出信息。

2. 创建 Farmers（农民）类，继承 Person 类，属性有工作 job、工作地 place，重写父类 personInfo 方法，将农民的工作、地点打印出来。创建种植方法 cultivation，打印输出：我的工作是 ***。定义 Scientists 科学家类，打印输出科学家的信息，定义科学家发明的方法 invention MeChanical："袁隆平发明了杂交水稻"并将其打印出来。尝试创建更多的类、方法或者对象，以加深理解。

```python
# 定义 Person 类
class Person:

    def __init__(self,name,age,gender):
        self.name=name
        self.age=age
        self.gender=gender

    def personInfo(self):
      print("姓名:"+self.name+"年龄:"+str(self.age)+"性别: "
            + self.gender)

# 定义农民类并继承 Person
class Farmers(Person):
    def __init__(self,job,place):
        self.job=job
        self.place=place
    def personInfo(self):
        print("我是农民,我的工作是:"+self.job+
            "\n我工作的地点是:"+self.place)

# 定义科学家类并继承 Person
class Scientists(Person):

    def inventionMechanical(self):
        print("袁隆平发明了杂交水稻")

f=Farmers("种地","在中国大地")
f.personInfo()
s=Scientists("袁隆平",88,"男")
s.personInfo()
s.inventionMechanical()
```

9.7 | 大牛挑战赛

1. 使用视觉化的表达方式对类、对象、属性、方法进行总结梳理。

2. 下列不属于面向对象编程特性的是（   ）。

    A．封装　　　　　　B．继承

    C．抽象　　　　　　D．多态

3．下列类的声明中不合法的是（   ）。

    A．classFlower:

    B．class 狗类:

    C．classFlower(object) :

4. 根据所学的知识创建一个父类和多个子类，让子类继承父类，并且对属性方法和普通方法进行调用。

第 **10** 章 海龟绘图

本章将主要讲解 turtle 模块中基础功能的使用，包括上下左右移动以及使用函数制作各种炫酷的图案。

10.1 什么是海龟绘图

turtle 是 Python 内置的一个比较有趣味的模块，俗称海龟绘图。在海龟绘图中，我们可以编写指令让一个虚拟的（想象中的）海龟在屏幕上来回移动。海龟带着一支钢笔，我们可以让海龟无论移动到哪都使用这支钢笔来绘制线条。通过编写代码，以各种很酷的模式移动海龟，就可以使用海龟绘图绘制出令人惊奇的图案。

我们大致了解了 turtle 是 Python 的内置模块及其作用，但是如何使用 turtle 进行图案的绘制呢？想要了解一个模块，首先要看它的说明文档。通过说明文档我们可以了解该模块各个函数的使用方法。turtle 的官网说明文档地址为 https://docs.python.org/2/library/turtle.html。turtle 的开发文档一般都是英文的（需要努力学习英语，英语阅读能力不是一时半会能提升的），所以我们要借助一些翻译工具。使用浏览器自带的翻译工具，可以直接对网页进行翻译，这种机械化的翻译虽然比较生硬，但是勉强能够读懂，如图 10.1 所示。

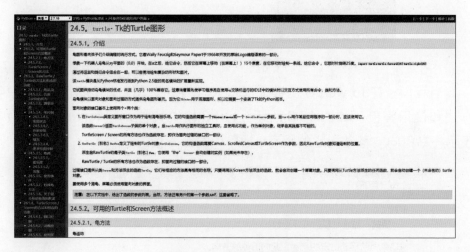

图 10.1 turtle 的开发文档

当我们打开网址，并且进行翻译之后，就会发现一共有两栏关于 turtle 的介绍，最左边的是函数的目录，最右边的是关于 turtle 函数的功能介绍。

从本章节课程开始，我们将在学习的过程中教会大家编程的学习方法。学会了方法才能做到举一反三，把知识点掌握得更加牢固，所以我们要认真总结学习方法。

首先打开左边目录，包括可用的 turtle 和 Screen 方法概述，几乎有所有关于 turtle 的功能模块。其中，第一块内容为移动和绘制，如图 10.2 所示。在移动和绘制里面，我们看到了 forward()、backward() 等函数。我们从字面意思也能理解 forward 和 backward 函数所代表的意思，即前进和后退，然后进一步了解一下这两个函数。

图 10.2 移动和绘制

当我们打开 forward() 函数的时候（可简写为 fd），会看到它的使用方法和使用案例，如图 10.3 所示。turtle 模块直接调用 forward() 函数，表示将乌龟向前移动指定的距离，括号中的距离指的是像素。

turtle.**forward** (*距离*)
turtle.**fd** (*距离*)

参数

距离 - 数字（整数或浮点数）

将乌龟向前移动指定的*距离*，朝向海龟的方向。

```
>>> turtle.position()
(0.00,0.00)
>>> turtle.forward(25)
>>> turtle.position()
(25.00,0.00)
>>> turtle.forward(-75)
>>> turtle.position()
(-50.00,0.00)
```

图 10.3 forward() 函数

```
# 导入 turtle 模块
import turtle
turtle.forward(100)
```

代码执行后会弹出一个对话框，并且有一个箭头指向右方，如图 10.4 所示。

图 10.4 三角形箭头

这个三角形的箭头可以理解为海龟图案，箭头的长度其实就是我们设置的 100 像素，也就是从中心点出发到箭头向右方移动的终点距离，使用黑线表示。如果学会了 forward 函数，举一反三，就能学会 backward、lift、right 等方法。接下来我们就使用这些方法设计一个有意思的函数。

```
import turtle      # 导入 turtle 模块
t=turtle.turtle()# 创建一个钢笔对象，利用这支钢笔进行绘制
for i in range(0,100):# 从 0 循环到 99，一共循环 100 次
    t.forward(i)      # 括号中的数字代表像素，向前 i 个像素
    t.leG(90)
```

执行的结果是一个循环回字图案。在执行过程中，每次移动的像素长度都会递增，每次递增之后都会转 90°方向，并且是从屏幕的中心点开始的。这里我们很有必要了解一下关于坐标的知识。

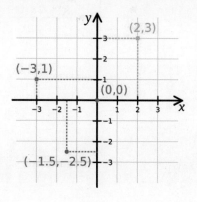

一个平面坐标由两条相互垂直的 x 轴和 y 轴线组成，两条坐标相交的地方叫作原点，使用（0,0）表示。从 x 轴原点向左，数值逐步减小，向右时数值逐步增大。y 轴原点向下，数值逐步减小，反方向逐步增大。使用平面坐标系可以表示任何一个点的位置。某一点的表示方法为（x 坐标，y 坐标），比如 A 点的位置可表示为（2,3）。上述绘图也是按照坐标规则进行的，即从原点开始依次进行移动和旋转。

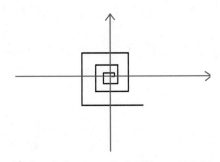

有了帮助文档，就好比有了一个字典，可以通过帮助文档查阅各种函数的功能。关于 turtle 模块的函数，这里就不详细讲解了，查阅帮助文档即可。接下来我们做一个小案例，绘制一个边长为 200 像素的正三角形。首先需要对正三角形进行分析：正三角形的 3 条边相等，3 个角相等，分别是 60°。

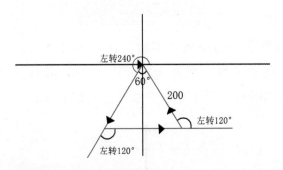

```python
import turtle
t= turtle.turtle()
for i in [240,120,120]:
    t.leG(i)
    t.forward(200)
```

上面黑色三角形箭头表示画笔，画笔的旋转角度为所在直线方向与转动后所在直线形成的夹角。向左、向右转的判断方法为：将黑色的三角形想象为我们自己，三角形箭头的指向表示所面对的方向，向左、向右转代表左手边和右手边。

我们将转动的夹角放到列表中，然后使用 for 循环将列表中的值依次提供给 left 函数，并依次移动 200 像素，就得到了一个正三角形。

我们也可以使用"真"的海龟进行绘图，只需要调用画笔的 shape 函数将 turtle 字符串输入即可。

```
t.shape("turtle")
```

原来的黑色三角形变成黑色小乌龟的图案，原来三角形的指向也就是乌龟头的指向。我们还可以通过 begin_fill() 和 end_fill() 填充图形的颜色，具体参考代码如下：

```
import turtle
t=turtle.turtle()
t.shape("turtle")
t.color("black","blue")  # 设置颜色，分别是外层和内层颜色
t.begin_fill()  # 开始填充
for i in [240,120,120]:
    t.leG(i)
    t.forward(200)
t.end_fill()  # 结束填充
```

本书注重强调学习方法的重要性。首先我们要通读帮助文档对所有函数的基本功能有一个了解，必要时还可以进行测试，然后根据具体的功能进行实现。如果我们要实现填充图形的功能，就要在"目录"下找"填充"，下拉到填充模块（见图 10.5），然后试用文档提供的案例实现功能。这是使用帮助文档的一种方法，当然我们也可以在探索中总结出属于自己的方式。

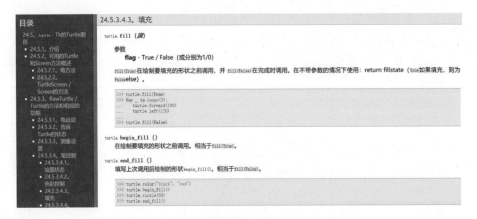

图 10.5 fill()

10.2 海龟绘制简笔画

掌握了方法和 turtle 的基础之后，可以尝试一下如何实现简笔画，可以绘制任何自己感兴趣的简笔画。

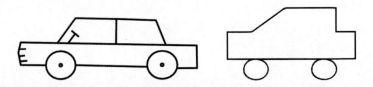

```
import turtle
t=turtle.turtle()# 创建对象
# 创建车身
t.pencolor("red")
t.speed(4)
t.up()
```

```
t.fd(100)
t.down()
t.fillcolor("red")
t.begin_fill()
drow=[100,50,300,50]
for i in drow:
    t.fd(i)
    t.rt(90)
t.fd(50)
t.lt(30)
t.fd(100)
t.rt(30)
t.fd(50)
t.goto(150,0)
t.end_fill()

# 绘制后车轮
t.up()
t.goto(100,-90)
t.down()
t.fillcolor("black")
t.begin_fill()
t.circle(20)
t.end_fill()

# 绘制前车轮
t.up()
t.goto(0,-90)
t.down()
t.fillcolor("black")
t.begin_fill()
t.circle(20)
t.end_fill()
```

10.3 海龟绘制图案

我们可以使用 turtle 模块绘制各种各样的图案,有些图案的设计实际上是非常简单的。下面的代码就是利用 for 循环、颜色变化和移动的函数等完成图案绘制的。只需要改动其中的参数,所运行的图案结果就不一样了,让我们一起动手试试吧!

```python
import turtle
t=turtle.turtle()  # 创建新的变量
turtle.bgcolor("black")  # 设置背景颜色为黑色
color=["red","yellow","blue","white","green","purple"]
t.speed(0)
for i in range(0,300,5):
    t.pencolor(color%4)
    t.fd(i)
    t.lt(95)
```

效果展示如下:

10.4 大牛挑战赛

1. 使用 turtle 模块实现下面的图案效果。

2. 设计一个程序绘制 5 颗五角星，排列成半圆形状，并将该功能进行封装。

3. 为小伙伴设计一道关于海龟绘图的题目，要求设计题目之前要自己先做出来，并把握题目的难度。

加油哦!

第11章 pygame 游戏设计

本章我们将学习有关 pygame 包的安装测试方法，使用该模式设计一个桌面壁球反弹的小游戏。

11.1 什么是 pygame

pygame 是跨平台的 Python 包，既不依赖操作系统，也不依赖硬件环境就可以使用。pygame 包将图形和声音进行了封装，我们直接拿来使用就行了，不需要再了解每个烦琐的细节。什么是包呢？我们都知道模块其实就是一个 py 的文件，包则是模块的集合，有多个相互关联的模块。pygame 包并不是专业的游戏开发模块，而是入门级的。我们通过该包了解一般游戏的开发方式，并能够利用该模块开发一些小型游戏，这对我们来说是非常重要的。在接下来的学习中，我们要仔细领悟书中所讲解的方法，学会举一反三、一通百通的思维方式，对日后学习其他的编程语言也是非常有帮助的。

11.2 | pygame 安装

11.2.1 更新 pip 工具

在安装 pygame 模块之前，首先要安装 pip 工具，那么什么是 pip 呢？pip 是专门用来安装和管理 Python 包的工具，其实就相当于苹果手机中的 APP Store 和安卓手机中的应用宝，它用来管理和安装软件。

如何安装 pip 呢？这里只列举 Windows 10 操作系统的安装方式。如果是苹果计算机，可以借助网络查询 pygame 包的下载安装方法。

步骤 01 通过 Windows+r 键开启"运行"对话框，然后输入"cmd"，进入命令行界面，如图 11.1 所示。

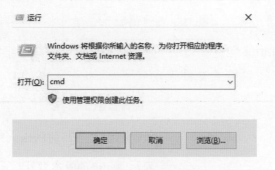

图 11.1 输入"cmd"命令

步骤 02 输入"python -m pip install --upgrade pip"对 pip 工具进行更新操作，出现 Successfull uninstalled pip-19.0.3 时说明已经更新成功，如图 11.2 所示。

图 11.2 更新 pip 成功

11.2.2 pygame 下载、安装

pip 更新之后，就可以安装 pygame 包了。在安装之前，首先要下载 pygame。 打 开 网 址 "http://www.lfd.uci.edu/~gohlke/pythonlibs/#pygame"，页面上给出了很多扩展包，pygame 的扩展包也在里面，如图 11.3 所示。

Pygame, a library for writing games based on the SDL library.

pygame-1.9.4-cp27-cp27m-win32.whl
pygame-1.9.4-cp27-cp27m-win_amd64.whl
pygame-1.9.4-cp35-cp35m-win32.whl
pygame-1.9.4-cp35-cp35m-win_amd64.whl
pygame-1.9.4-cp36-cp36m-win32.whl
pygame-1.9.4-cp36-cp36m-win_amd64.whl
pygame-1.9.4-cp37-cp37m-win32.whl
pygame-1.9.4-cp37-cp37m-win_amd64.whl

图 11.3 找到 pygame 安装包

当找到 pygame 包时，就会发现有很多包文件，仔细看一下图 11.4，就知道该如何选择对应的文件来安装了。

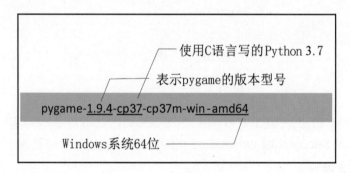

图 11.4 文件命名方式

将文件下载到桌面上之后，进入命令行，然后通过输入 "cd desktop" 命令进入桌面文件夹，然后输入安装口令 "pip install pygame-1.9.4-cp37-cp37m-win_amd64.whl" 进行 pygame 的安装，出现图 11.5 所示的信息说明安装成功。

图 11.5 pygame 安装成功

安装成功之后，要测试一下所安装的 pygame 包是否能用。我们使用命令行界面进行测试。在命令行界面中也可以编辑 Python 代码，首先输入"python"指令，然后按 Enter 键，会出现 3 个大于号标志，说明已经进入 Python 编辑界面，直接输入 Python 语言就会执行。然后导入 pygame 包，使用关键字 import 加上包名 pygame，按 Enter 键，出现 pygame 的版本信息和欢迎语句，说明 pygame 是可以运行的，如图 11.6 所示。

```
管理员: C:\Windows\system32\cmd.exe - python
Microsoft Windows [版本 10.0.17763.503]
(c) 2018 Microsoft Corporation。保留所有权利。

C:\Users\Administrator>python
Python 3.7.3 (v3.7.3:ef4ec6ed12, Mar 25 2019, 22:22:05) [MSC v.1916 64 bit (AMD64)] on win32
Type "help", "copyright", "credits" or "license" for more information.
>>> import pygame
pygame 1.9.4
Hello from the pygame community. https://www.pygame.org/contribute.html
>>>
```

图 11.6 pygame 可以运行

11.3 创建一个 pygame 窗口

创建游戏的第一步是要有一个可见的窗口，那么如何创建一个窗口呢？非常简单，两行代码就可以完成。

```
import pygame
pygame.init()
screen=pygame.display.set_mode([400,200])
```

运行上述代码，得到了一个长为 400 像素、宽为 200 像素的黑框，如图 11.7 所示。接下来分析一下代码。首先我们要思考一下代码为什么这么写？打开 pygame 库的开发文档链接 http://www.pygame.org/docs/，界面如图 11.8 所示（这里并不是中文版，而是通过浏览器翻译的）。首先大致浏览一下文档，文档分为 3 栏：最有用的东西、高级内容、其他。"最有用的东西"包含颜色、显示、事件等常见板块，是我们主要学习的一栏，其他暂时先放一下。

图 11.7 黑框

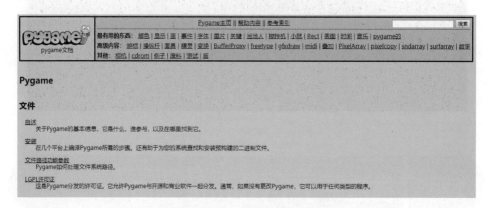

图 11.8 pygame 库的开发文档

如果要编写一个窗口的功能，该如何实现呢？首先打开"最有用的东西"一栏中"pygame 的"板块，此时左边是关于该板块的所有方法列表，右边是对应方法的简单描述，如图 11.9 所示。根据描述，我们就知道一定要用 pygame.init() 方法，因为它会初始化所有导入 pygame 的模块，而其他方法暂时不需要。

顶级*pygame*包	
pygame.init	- 初始化所有导入的pygame模块
pygame.quit	- uninitialize所有pygame模块
pygame.error	- 标准的pygame例外
pygame.get_error	- 获取当前错误消息
pygame.set_error	- 设置当前的错误消息
pygame.get_sdl_version	- 获取SDL的版本号
pygame.get_sdl_byteorder	- 获取SDL的字节顺序
pygame.register_quit	- 注册pygame退出时要调用的函数
pygame.encode_string	- 编码Unicode或字节对象
pygame.encode_file_path	- 将Unicode或字节对象编码为文件系统路径

图 11.9 "pygame" 的模块信息

```
import pygame
pygame.init()
screen=pygame.display.set_mode([400,200])
```

现在已经知道前两句代码是如何得来的，接下来我们看最后一句中 display.set_mode 方法是如何得来的。首先观察图 11.8，并思考屏幕相关的方法属于第一栏的哪个板块。打开显示板块，如图 11.10 所示。

pygame.display	
pygame模块控制显示窗口和屏幕	
pygame.display.init	- 初始化显示模块
pygame.display.quit	- 取消初始化显示模块
pygame.display.get_init	- 如果已初始化显示模块，则返回True
pygame.display.set_mode	- 初始化窗口或屏幕以进行显示
pygame.display.get_surface	- 获取当前设置的显示表面的参考
pygame.display.flip	- 将完整显示Surface更新到屏幕
pygame.display.update	- 更新屏幕的部分以显示软件
pygame.display.get_driver	- 获取pygame显示后端的名称
pygame.display.Info	- 创建视频显示信息对象
pygame.display.get_wm_info	- 获取有关当前窗口系统的信息

图 11.10 显示板块

在显示这个板块中有很多方法，这里只展示了一部分。第一个方法是初始化显示屏幕，我们前面所讲的 pygame.init() 方式是指初始化所有模块。本小节所学的只是让屏幕显示，所以使用了 pygame.display.init() 方法。接着继续往下看，有一个初始化窗口或屏幕以进行显示的方法 pygame.display.set_mode，点进去，可查看这个方法的具体使用说明，如图 11.11 所示。

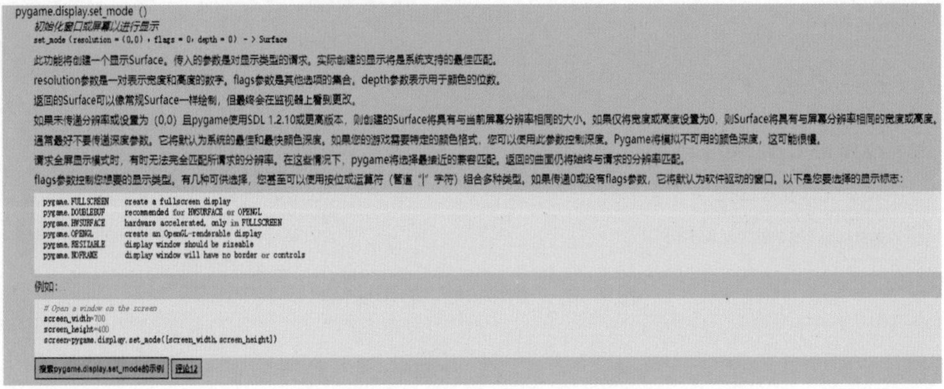

pygame.display.set_mode ()

初始化窗口或屏幕以进行显示

set_mode (resolution = (0,0) , flags = 0, depth = 0) - > Surface

此功能将创建一个显示Surface。传入的参数是对显示类型的请求。实际创建的显示将是系统支持的最佳匹配。

resolution参数是一对表示宽度和高度的数字。flags参数是其他选项的集合。depth参数表示用于颜色的位数。

返回的Surface可以像常规Surface一样绘制，但最终会在监视器上看到更改。

如果未传递分辨率或设置为 (0,0) 且pygame使用SDL 1.2.10或更高版本，则创建的Surface将具有与当前屏幕分辨率相同的大小。如果仅将宽度或高度设置为0，则Surface将具有与屏幕分辨率相同的宽度或高度。

通常最好不要传递深度参数。它将默认为系统的最佳和最快颜色深度。如果您的游戏需要特定的颜色格式，您可以使用此参数控制深度。Pygame将模拟不可用的颜色深度，这可能很慢。

请求全屏显示模式时，有时无法完全匹配所请求的分辨率。在这些情况下，pygame将选择最接近的兼容匹配。返回的曲面仍将始终与请求的分辨率匹配。

flags参数控制您想要的显示类型。有几种可供选择，您甚至可以使用按位或运算符（管道 "|" 字符）组合多种类型。如果传递0或没有flags参数，它将默认为软件驱动的窗口。以下是您要选择的显示标志：

```
pygame.FULLSCREEN    create a fullscreen display
pygame.DOUBLEBUF     recommended for HWSURFACE or OPENGL
pygame.HWSURFACE     hardware accelerated, only in FULLSCREEN
pygame.OPENGL        create an OpenGL-renderable display
pygame.RESIZABLE     display window should be sizeable
pygame.NOFRAME       display window will have no border or controls
```

例如：

```
# Open a window on the screen
screen_width=700
screen_height=400
screen=pygame.display.set_mode([screen_width, screen_height])
```

搜索pygame.display.set_mode的示例 评论12

图 11.11 pygame.display.set_mode

从这个介绍我们可以全面了解该函数。该函数有 3 个参数：resolution 是一对表示屏幕宽度和高度的数字，单位是像素；flags 是一个选项的集合，已经罗列出来，并且每一个选项的功能都有详细说明；depth 表示用于颜色的位数，一般不写。根据以上功能，我们可以将屏幕设置为可以调整大小，只需要增加参数 pygame.RESIZABLE 即可。

```
import pygame
pygame.init()
screen=pygame.display.set_mode([400,200],pygame.
RESIZABLE)
```

虽然这个案例只有 3 行代码，但是我们已经把每行代码的来历、设计编写代码的方式全部展示出来，只有这样才能够帮助我们更好地编写代码。

现在虽然弹出的屏幕能够改变大小，但是无法关闭，这是什么原因呢？pygame 的作用就是建立游戏，而游戏本身不做任何事情，我们需要自己设计一个程序，不断地检查用户在做什么，比如移动鼠标、键盘按键等。pygame 提供了一个 event.get() 函数，可获取所有的用户事件。

```
import pygame
pygame.init()
screen=pygame.display.set_mode([400,200],pygame.
RESIZABLE)
run=True  # 创建一个变量
while run:
    for event in pygame.event.get():  # 循环遍历事件
        if event.type == pygame.QUIT:
            run=False
pygame.quit()
```

什么是事件呢？在生活中是指发生过的历史和现代事件，而在编程中的则是指用户对界面的操作，比如点击、双击、长按、拖动等。在该程序中，关闭窗口就是一个事件。

pygame 通过事件队列处理所有事件消息：通过 pygame.event.get() 获取所有的消息队列，然后通过队列 event.type 类型和 pygame.QUIT（用户关闭窗口的事件结果）进行循环比较，如果相等就说明点击了关闭按钮，pygame.quit() 程序就执行关闭操作，关闭程序。也可以单独将事件遍历输出和关闭窗口的事件输出进行比较。

```
run=True
while run:
    for event in pygame.event.get():
        print("event 是 " , event)
        print("eventType 是 " , event.type)
        if event.type == pygame.QUIT:
            run=False
            print("pygame.QUIT 是 " , pygame.QUIT)
pygame.quit()
```

部分执行结果如图 11.12 所示。

```
Python 3.7.3 Shell                                          —  □  ×
File Edit Shell Debug Options Window Help
Python 3.7.3 (v3.7.3:ef4ec6ed12, Mar 25 2019, 22:22:05) [MSC v.1916 64 bit (AMD6
4)] on win32
Type "help", "copyright", "credits" or "license()" for more information.
>>>
=============== RESTART: C:\Users\Administrator\Desktop\sd.py ===============
pygame 1.9.4
Hello from the pygame community. https://www.pygame.org/contribute.html
event是 <Event(17-VideoExpose {})>
eventType是 17
event是 <Event(16-VideoResize {'size': (400, 200), 'w': 400, 'h': 200})>
eventType是 16
event是 <Event(1-ActiveEvent {'gain': 0, 'state': 1})>
eventType是 1
event是 <Event(4-MouseMotion {'pos': (399, 199), 'rel': (399, 199), 'buttons': (
0, 0, 0)})>
eventType是 4
event是 <Event(1-ActiveEvent {'gain': 1, 'state': 1})>
eventType是 1
event是 <Event(4-MouseMotion {'pos': (323, 1), 'rel': (-76, -198), 'buttons': (0
, 0, 0)})>
eventType是 4
event是 <Event(12-Quit {})>
eventType是 12
pygame.QUIT是 12
>>>
=============== RESTART: C:\Users\Administrator\Desktop\sd.py ===============
```

图 11.12 执行比较的结果

从执行的结果知道了什么是 event、什么是 event.type，并且当鼠标在屏幕上滑动的时候，控制台会持续不断地输出结果。其实鼠标在屏幕上滑动时有一系列的事件在执行，每滑过一个坐标点，就有一个 event 在执行，我们可以从上面执行的结果看出 event 的坐标点是不一样的。但是 event 的类型（使用整型数字表示）是一样的，无论如何滑动，都属于滑动事件。最后关闭屏幕的时候，结果显示 event 的类型为 12。如果将 pygame.QUIT 更改为 12，那么它的运行结果也是一样的，只是写为 pygame.QUIT 增强了代码的可读性。

11.4 绘制图形

现在我们已经可以创建一个屏幕并且关闭屏幕，接下来在屏幕当中绘制一些图案。比如绘制一个圆形，我们应该怎样做呢？参考 pygame 包的开发文档，找到画板块，如图 11.13 所示。我们会看到很多图案的函数，比如矩形、圆形、椭圆剖面、线段等。

pygame.draw

用于绘制形状的pygame模块

pygame.draw.rect	- 画一个矩形的形状
pygame.draw.polygon	- 绘制具有任意数量边的形状
pygame.draw.circle	- 围绕一个点画一个圆圈
pygame.draw.ellipse	- 在矩形内绘制圆形
pygame.draw.arc	- 绘制椭圆的局部剖面
pygame.draw.line	- 绘制一条直线段
pygame.draw.lines	- 绘制多个连续的线段
pygame.draw.aaline	- 绘制精细的抗锯齿线
pygame.draw.aalines	- 绘制连接的抗锯齿线序列

在Surface上绘制几个简单的形状。这些函数可用于渲染任何格式的Surface。渲染到硬件Surfaces将比常规软件Surfaces慢。

大多数函数使用width参数来表示形状边缘周围的笔触大小。如果宽度为0，则函数实际上将实心填充整个形状。

所有绘图功能都遵循Surface的剪辑区域，并将限制在该区域。这些函数返回一个矩形，表示已更改像素的边界区域。

大多数参数都接受一个RGB三元组的颜色参数。这些也可以接受RGBA四胞胎。如果alpha值包含像素alpha，则alpha值将直接写入Surface

这些功能必须暂时锁定它们正在操作的Surface。通过在绘制调用周围锁定和解锁Surface对象，可以加快许多顺序绘图调用。

图 11.13 画板块

打开 pygame.draw.circle 函数，如图 11.14 所示。

pygame.draw.circle () ¶

围绕一个点画一个圆圈

circle (Surface, color, pos, radius, width = 0) -> Rect

在Surface上绘制圆形。pos参数是圆的中心，radius是大小。width参数是绘制外边缘的粗细。如果宽度为零，则圆圈将被填充。

搜索pygame.draw.circle的示例 | 评论21

图 11.14 pygame.draw.circle

首先看一下参数的解释说明。pygame.draw.circle 函数一共有 5 个参数：第 1 个参数是Surface(表面)，在我们绘制圆时会将圆绘制在screen上，所以 screen 是 Surface 的对象；第 2 个参数是 color，表示圆的颜色，使用 rgb 数组的元组或者列表表示，例如 [12,3,0]；第 3 个参数是 pos，表示圆的位置，也可以使用 x、y 坐标元组或者列表表示，例如 [100,210]；第 4 个参数是 radius，表示圆的半径大小，使用像素表示；第 5 个参数是 width，表示参数是绘制外边缘的粗细，如果宽度为 0，那么圆圈将被填充。

```
import pygame
pygame.display.init()
screen=pygame.display.set_mode([400,200],pygame.
RESIZABLE)
screen.fill([255,255,255]) # 为屏幕填充颜色
run=True
while run:
    for event in pygame.event.get():
        if event.type==pygame.QUIT:
            run=False
    pygame.draw.circle(screen,[200,3,4],[100,100],10,0)
    pygame.display.flip()
pygame.quit()
```

执行结果如图 11.15 所示。

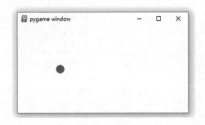

图 11.15 绘制圆

方框中就是画圆和显示所绘制图案的代码。代码在 while 循环内，在 for 循环外，和 for 循环并列处于同一个等级，说明当用户不单击关闭窗口的时候画圆和显示绘制图案的代码会一直重复执行下去。在 pygame 中，动画是通过不断绘制图案、不断地进行显示完成的，所以也可以认为 while 循环其实是主循环。

下面再看一下展示到屏幕上的代码表示什么意思。pygame 官网提供的解释是"将完整显示 Surface 更新到屏幕"（见图 11.16），其中 flip 的中文意思是翻转。我们显示的表面是双缓冲的，是先在缓冲区画圆，然后通过翻转显示表面，展示已经完全绘制的图像。

```
pygame.display.flip ()
将完整显示Surface更新到屏幕
flip () - >无
这将更新整个显示的内容。如果您的显示模式，使用标志pygame.HWSURFACE和pygame.DOUBLEBUF，这将等待
垂直回扫和交换表面。如果您使用的是其他类型的显示模式，则只会更新曲面的全部内容。
使用pygame.OPENGL显示模式时，这将执行gl缓冲区交换。
```

图 11.16 flip

在这个代码中同时出现了一个新的语句——screen.fill([255,255,255])，它用来填充所绘制的图案，使用填充的对象 screen，调用 fill 函数。fill 函数用一个有 3 个数值的列表来表示颜色值。

我们已经学会如何画圆，现在试着利用文档画出矩形。

我们观察一下文档中 pygame.draw.rect() 函数（见图 11.17），发现只有一个参数，就是 Rect。这个参数是指矩形的中心点、宽和高，该参数为一个有 4 个元素的列表或者元组。如果绘制矩形的参数如下，那么 pygame 将呈现怎样的结果呢？

```
pygame.draw.rect(screen,[200,3,4],[100,20,20,50],0)
```

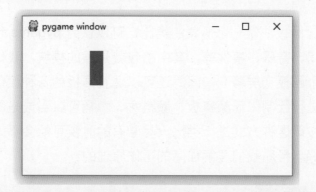

pygame.draw.rect ()
画一个矩形的形状
rect (Surface, color, Rect, width = 0) -> Rect
在Surface上绘制一个矩形形状。给定的Rect是矩形的区域。width参数是绘制外边缘的粗细。如果width为零，则填充矩形。
请记住，该Surface.fill()方法也适用于绘制填充矩形。事实上，Surface.fill()在某些平台上可以通过软件和硬件显示模式进行硬件加速。

图 11.17 rect

pygame 绘制图形都是从左上角的原点（0,0）开始的，（100,20）表示图形左上角的点所在平面的坐标，该点到屏幕最左侧的距离为 100 像素，到屏幕最上面的距离为 20 像素。（20,50）表示矩形的宽、高像素。任何图形的表示方法都是以左上角的点作为在平面所在位置的，并且可以根据开发文档上的标识："-> 对象"看出返回值的类型。如果函数不带这个标识就说明没有返回值。在 draw 板块中，所有的返回值都是 Rect 对象，说明任何图形都可以使用 Rect 表示，所返回的都是 Rect 对象。

以上图片都可以使用矩形表示，比如小鸭图片使用矩形的参数可表示为 [100,100,200,200]，前两个参数表示图片的位置，后两个参数表示图片的大小。当然我们也可以提供一个 Rect 对象，就是说我们提供一个矩形，这个矩形有大小和位置，然后将小鸭的图片放到矩形框里，那么这个小鸭图片就有了大小和位置。

接下来我们对前面所讲解的关于 pygame 的所有知识点进行梳理、归纳。

我们将绘画板块做一个形象的类比，可以认为 pygame 包中有很多模块，例如时间、音乐、事件等，其中书包就是画的模块，我们在画图案之前需要有一个画板（屏幕），同时还可以调整画板的各种颜色，使用各种颜色的纸张进行绘制，而颜料板、颜料盒、水桶可以当成是画这个板块的各种函数。按照这种方式进行类比，尽管有的时候可能会不太合适，但是还是能够很好地帮助我们理解程序的运作原理的。

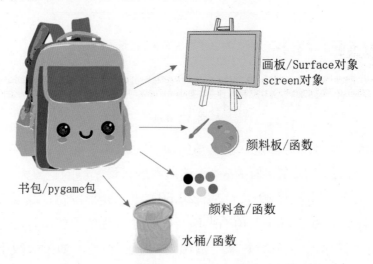

11.5 认识像素和颜色

在学习过程中，经常会遇到"像素"这个单位。在本节中我们将会详细探讨什么是像素。像素（Pixel）这个单词是"图像元素"（Picture element）的简写形式，表示屏幕中的一点。我们从网上下载一幅彩色图片，然后将它无限放大观察，能发现什么呢？

最大程度放大图片的时候，就会发现图片是由一个又一个正方形的色块组成的（见图 11.18），而这些正方形色块就是一个又一个的像素点。每个像素点代表一种纯色颜色，所以某个图片的大小为 200×800，就表示该图片在横向和纵向上分别有 200、800 个像素点。若屏幕的大小为 800×1000，就表示该屏幕的横向有 800 个像素、纵向有 1000 个像素。像素大并不能说明图像清晰，只能说明这个图片或屏幕的大小而已。

图 11.18 图片的像素

分辨率是指在每单位英寸像素的个数，显示器可显示的像素越多，画面就越精细，同样的屏幕区域内能显示的信息也就越多，所以分辨率是一个非常重要的性能指标。在显示分辨率一定的情况下，显示屏越小，图像越清晰；在显示屏大小固定时，显示分辨率越高，图像越清晰。

pygame 中的颜色系统是很多计算机语言和程序中通用的系统，称为 RGB。RGB 分别代表 3 种颜色：红（Red）、绿（Green）、蓝（Blue）。这 3 种颜色也是混合光的三原色（见图 11.19），原理上这 3 种颜色按比例进行组合可以得到任何一种颜色。3 种颜色的取值都是 0~255，如果都为 0，就说明没有混合光的颜色，也就是黑色；如果都为 255，就是白色。

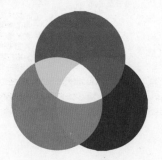

图 11.19 三原色

计算机很强大，但是计算机只认识 0 和 1，也就是二进制。8 位二进制表示的最小数为 00000000，最大数为 11111111。8 位二进制转化为十进制所表示的数字最小为 0、最大为 255。比特位是计算机最小的单元，8 个比特位就表示一个字节（1 个字节 =8 比特位）。如果超出 8 个比特位但不足 2 个字节，也会占用 2 个字节的内存，因为不完整的字节会造成浪费，所以采用 0~255 的数值进行表示。事实上，RGB 这 3 种 255 颜色值能组成 1600 多万种不同的颜色，根据人眼识别颜色的方式，用它来表示完全足够了。

	二进制表示	十进制表示
1个字节最小值	0 0 0 0 0 0 0 0	0
1个字节最大值	1 1 1 1 1 1 1 1	255

11.6 加载图像

我们学习了简单几何图形的绘制，可以利用它绘制很多生动的图像和艺术作品，但是有时候会有在程序中设计真实图片的需求。在 pygame 中，可以利用 image 函数对图片进行一些简单的处理。我们首先阅读关于 image 函数的帮助文档（见图 11.20），然后设计一个案例。

pygame.image

用于图像传输的pygame模块

pygame.image.load	- 从文件加载新图像
pygame.image.save	- 将图像保存到磁盘
pygame.image.get_extended	- 测试是否可以加载扩展图像格式
pygame.image.tostring	- 将图像传输到字符串缓冲区
pygame.image.fromstring	- 从字符串缓冲区创建新的Surface
pygame.image.frombuffer	- 创建一个在字符串缓冲区内共享数据的新Surface

图像模块包含用于加载和保存图片的功能，以及将Surface转换为其他包可用的格式。

请注意，没有Image类；图像作为Surface对象加载。Surface类允许操作（绘制线条，设置像素，捕获区域等）。

图像模块是pygame的必需依赖项，但它只能选择性地支持任何扩展文件格式。默认情况下，它只加载未压缩的 BMP 图像。

图 11.20 image 函数

如果想要在屏幕上显示一个小球，那么应该选择 image 的什么函数呢？从文件加载图像只有一个函数：pygame.image.load()。在文档中点击这个函数，查看如何使用，如图 11.21 所示。

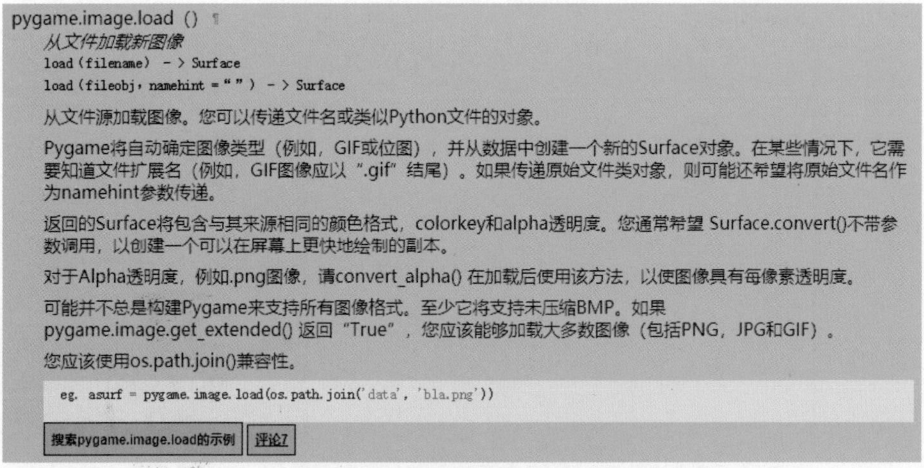

```
pygame.image.load () ¶
从文件加载新图像
load (filename) - > Surface
load (fileobj, namehint = " " ) - > Surface
从文件源加载图像。您可以传递文件名或类似Python文件的对象。
Pygame将自动确定图像类型（例如，GIF或位图），并从数据中创建一个新的Surface对象。在某些情况下，它需
要知道文件扩展名（例如，GIF图像应以 ".gif" 结尾）。如果传递原始文件类对象，则可能还希望将原始文件名作
为namehint参数传递。
返回的Surface将包含与其来源相同的颜色格式，colorkey和alpha透明度。您通常希望 Surface.convert()不带参
数调用，以创建一个可以在屏幕上更快地绘制的副本。
对于Alpha透明度，例如.png图像，请convert_alpha() 在加载后使用该方法，以使图像具有每像素透明度。
可能并不总是构建Pygame来支持所有图像格式。至少它将支持未压缩BMP。如果
pygame.image.get_extended() 返回 "True"，您应该能够加载大多数图像（包括PNG，JPG和GIF）。
您应该使用os.path.join()兼容性。

eg. asurf = pygame.image.load(os.path.join('data', 'bla.png'))

搜索pygame.image.load的示例  评论7
```

图 11.21 pygame.image.load()

首先来看一下括号中的参数表示的含义，load(filename)/load(fileobj,namehint=" ")- > Surface。我们可以传递一个图像的文件名，也可以是类似 Python 文件的对象，最后都会返回一个 Surface 对象。如果我们提供图像文件，需要带有扩展名，以扩展名结尾；如果传递原始文件类对象，就需要将原始文件名作为 namehint 参数传递。我们使用第一种传递方式进行图像的加载。

```python
import pygame
pygame.display.init()
screen=pygame.display.set_mode([600,500],pygame.RESIZABLE)
screen.fill([255,255,255])
myball=pygame.image.load("ball.png")
screen.blit(myball,[100,100])
pygame.display.flip()
run=True
while run:
    for event in pygame.event.get():
        if event.type == pygame.QUIT:
            run=False
pygame.quit()
```

运行结果如图 11.22 所示。

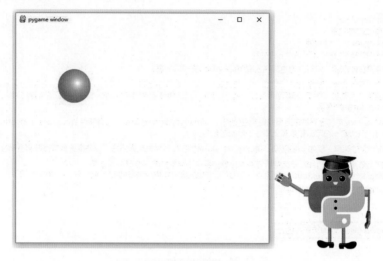

图 11.22 加载图像

运行这个程序，会看到一个红色的小球已经显示在屏幕上，也可以在代码中使用自己的小球图片。程序中只有两行代码是我们新加入的，第 5 行创建了一个 myball 对象。这个对象其实是 Surface 对象，但是我们看不到，它只存在于内存中。我们唯一能看到的 Surface 对象就是 screen（屏幕）。只有通过 screen 屏幕将 Surface 的小球对象复制到屏幕表面上（第 6 行就是将 myball 对象复制到 screen 上），然后通过 display.flip() 函数调用就能看见了。

代码图解如下：

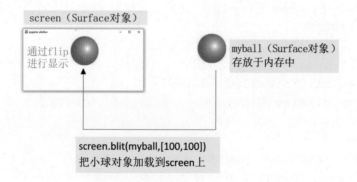

11.7 小球移动

我们已经可以将小球图像显示到屏幕上，如果能让图片动起来就会更有意思。接下来我们实现一个简单的动画，让这个小球从一个坐标位置移动到另一个坐标位置。首先在屏幕上任意一个点复制一个小球，使其位置和原小球位置不重复。

当我们运行程序的时候，发现小球从一个位置移动到另外一个位置，这个程序中只增加了 4 行代码。在 pygame 中小球的动画其实就是在新的位置重新复制一个小球，然后覆盖掉原来的小球，因为时间间隔比较短，所以看起来它好像是在移动。

```python
import pygame
pygame.display.init()
screen=pygame.display.set_mode([600,500],pygame.
RESIZABLE)
screen.fill([255,255,255])
myball=pygame.image.load("ball.png")
screen.blit(myball,[100,100])
pygame.display.flip()
pygame.time.delay(1000) #等待1秒钟
screen.blit(myball,[200,100])
#覆盖原来的小球
pygame.draw.rect(screen,[255,255,255],[100,100,90,90])
pygame.display.flip()
run=True
while run:
    for event in pygame.event.get():
        if event.type==pygame.QUIT:
            run=False
pygame.quit()
```

执行结果如图 11.23 所示。

图 11.23 动起来的小球

就像我们看的帧动画一样，是一帧一帧进行播放的，但是我们看到的就是动画，却看不到每一张的内容，有一些有 LED 灯的风扇也是这样的，你只能看到它转动后所形成的一个动态动画或静态图案，这是因为我们人眼捕捉不到高频的图像，小球移动就是这个原理。那能够让这个小球移动的动画更加流畅一些吗？

```python
import pygame
pygame.display.init()
screen=pygame.display.set_mode([900,500],pygame.
RESIZABLE)
screen.fill([255,255,255])
myball=pygame.image.load("ball.png")
#定义初始位置，并显示

location=[100,100]
screen.blit(myball,location)
pygame.display.flip()

for i in range(700):
    pygame.time.delay(10)
    pygame.draw.rect(screen,[255,255,255],[location[
0],location[1],90,90)
    location[0]+=1
    screen.blit(myball,location)
    pygame.display.flip()

run=True
while run:
    for event in pygame.event.get():
        if event.type==pygame.QUIT:
            run=False
pygame.quit()
```

　　我们更改以上代码之后，小球的移动变得非常流畅。这是如何实现的呢？首先在绿色方框内对小球的位置进行初始化；然后在红色方框内通过 for 循环执行小球移动的代码块，使用 pygame.time.delay(10) 函数让小球等待一定的时间，参数为毫秒，一秒等于 1000 毫秒；接着绘制一个和背景颜色一样的矩形框覆盖原来的小球对象，覆盖之后马上在一个新位置绘制小球对象并显示，一直持续不断地这样进行，小球看上去就做了非常流畅的移动。

11.8　小球反弹

　　我们已经知道了小球移动的底层原理，其实有很多角色的移动都是基于这个底层原理来实现的。我们可以根据小球移动的原理将小球移动的代码设计出来，然后进行封装，下次有其他角色要移动的话就可以直接拿来用。或者在网上通过查阅资料学习如何将函数输出文档格式，这样以后在使用类似的函数时就有章可循了。接下来我们看一下小球是如何进行反弹的，首先将小球反弹的图示绘制出来，然后进行代码的编写。

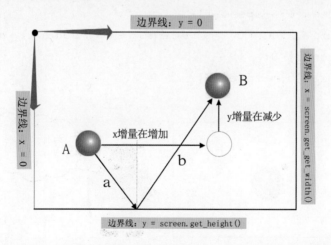

　　我们分析一下小球是如何进行反弹的：小球（直径为 80 像素）从 A 点（100,100）出发，向 a 方向运行，那么这个小球不仅有 x 增量还有 y 增量，如果只有 x 增量或者 y 增量，它就会在水平或垂直方向运行。小球的初始位置和增量可以使用以下代码表示：

```
location=[100,100]
speed=[1,3]
```

小球沿着 a 方向运行，直到碰触到屏幕再进行反弹，那么小球该如何进行反弹呢？要研究反弹问题，首先思考两个问题：一是小球什么时候反弹；二是小球如何反弹。我们先来分析第一个问题，当小球的 y 值大于屏幕的高度时就让小球进行反弹。然后探索小球是如何反弹的，小球的移动取决于小球在 x 和 y 方向上的增量，如果小球的方向改变，说明增量发生了变化，小球从 A 点反弹到 B 点，总体来说，小球的 x 增量在增加，而 y 的增量在减少，所以可以使用以下代码表示。

```
if location[1]>screen.get_height() or location[1]<0:
speed[1]=-speed[1]
```

根据以上方法判断小球在其他屏幕边缘反弹的 x、y 增量变化，并对该代码进行整理。

```
if location[1]>screen.get_height()-80 or
location[1]<0:
    speed[1]=-speed[1]
if location[0]>screen.get_width()-80 or
location[0]<0:
    speed[0]=-speed[0]
```

为什么要减去 80 呢？

小球所在的位置其实就是该小球左上角矩形顶点的位置，小球碰触屏幕上侧和左侧边缘的时候反弹是没有问题的，但是碰触右侧和下侧屏幕边缘你会发现整个小球都会陷下去，所以需要减去小球的直径 80 像素。只有这样小球碰触屏幕边缘就会美观很多。

```
def fantan():
    global location
    pygame.time.delay(10)

    screen.fill([255,255,255])
    location[0]+=speed[0]
    location[1]+=speed[1]

    if location[1]>screen.get_height()-80 or location[1]<0:
        speed[1]=-speed[1]
    if location[0]>screen.get_width()-80 or location[0]<0:
        speed[0]=-speed[0]
    screen.blit(myball,location)
    pygame.display.flip()
```

第12章 文件的读写

本章我们将重点学习有关 Python 编程的读写操作：认识什么是文件以及如何进行读写操作。

12.1 什么是文件

前面讲解过输入是程序的重要内容，不仅仅来自于鼠标、键盘、用户，还有其他来源，其中从计算机硬盘上读取文件也是非常常见的一种输入形式。读取文件表示获取输入，写入文件表示输出。要想真正地了解使用文件的读和写，首先要了解什么是文件。

计算机按二进制格式存储信息，二进制只使用 0 和 1，所以我们说计算机只认识 0 和 1。计算机最小的单位叫作比特位，一个 0 或者 1 所占的位置就是一比特，8 个比特位叫一个字节。文件就是有名称的字节集合，存储在硬盘、内存卡等其他存储介质上的。

文件的类型很多，比如图片、视频、声音、文字等。每一种类型还细分很多文件格式，比如图片类型有 jpg、gif、png 等多种格式，这些细分的图片格式也叫文件扩展名。接下来我们看一下文件的大致分类，对文件的认识就会更加深刻。

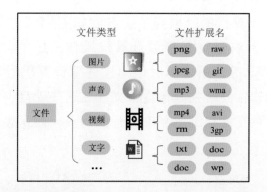

注意：文件和文件夹是两种事物，文件夹是放置文件的，没有扩展名，所以千万不要将两者弄混了。

任意创建一个文件，比如 demo.txt 文本文件，右击文件，在弹出的菜单中选择"属性"命令，可以进入该文件的属性面板，其中有该文件的名字、类型、位置、大小等信息，如图 12.1 所示。

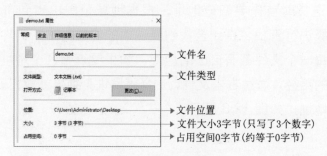

图 12.1 文件的属性

我们先讲解一下文件的大小。最小的字节是比特（bit），8 个比特表示一个字节，其他相邻单位的进制为 1024。字母或者数字占用 1 个字节，而文字和中文标点则占用 2 个字节。如果创建了一个文件是 10MB，并且这个文件只有文字，那么文件中大概有多少字呢？

```
1TB(T)=1024GB(G)
1GB(G)=1024MB(M)
1MB(M)=1024KB(K)
1KB(K)=1024Byte
1Byte(字节)=8bit(比特)
```

我们已经了解了文件大小的换算关系，熟悉了文件大小所表示的意义，接下来学习文件重要的属性——文件地址。

当我们打开计算机的时候经常会看到如图 12.2 所示的硬盘，其中 C 盘是系统盘，系统盘就是存放计算机操作系统的，比如鸿蒙 OS、Windows、macOS 等，所以有时候为了保障计算机能流畅运行，一般将第三方提供的软件安装在其他盘。文件在这些硬盘中一般都是永久存储，开关机依然存在；在浏览器中打开的网页一般是缓存，开关机后缓存被清除。

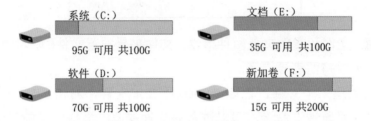

系统（C:）
95G 可用 共100G

文档（E:）
35G 可用 共100G

软件（D:）
70G 可用 共100G

新加卷（F:）
15G 可用 共200G

图 12.2 硬盘分区

快递员送货时首先要知道地址，根据地域范围由省到市区再到县城等，一级一级进行查找，直到查找到要送达的位置为止。文件的地址就像送货地址，每一个文件都有自己的地址，如果要查看这个地址，首先要知道这个文件的路径，通过右击文件，选择"属性"菜单就能打开属性面板，查找文件的地址，如图 12.3 所示。

图 12.3 文件路径

文件位置加上文件名，就可以表示文件路径。每一个文件的路径（path）都是唯一的，例如 demo.txt 的路径就为 C:\Users\Administrator\Desktop\demo.txt。

我们可以使用这种格式的路径找到计算机上的任何文件，程序就是利用这种方法查找和打开文件的。文件的路径可以看成一个字符串，所以我们使用一个字符串变量来接收：

```
file_path="C:\Users\Administrator\Desktop\demo.txt"
```

12.2 读取文件

我们原来所学习的都是 Python 解释器自带的数据结构，基本上都是通过 input 和 print 进行数据的输入和输出。如果程序和外部世界进行更进一步的交互，那么我们应该如何去做呢？学习有关文件和 I/O（输入 / 输出，Input/Output）流的知识。文件我们已经知道了，接下来学习 I/O 流。文件的输入输出流简称 I/O 流。

如果我们要了解 I/O 流，可以查询 Python 的帮助文档。在开始菜单中找到 Python 3.7 的文件夹，然后打开文件夹，会发现有一个 "python 3.7 Manuals(64-bit)" 的文件。这个文件就相当于 Python 的字典，从中可以查询关于 Python 函数的所有解析，如图 12.4 所示。这个文档全部都是英文的，如果阅读有困难，也可以在网上查找中文的帮助文档。

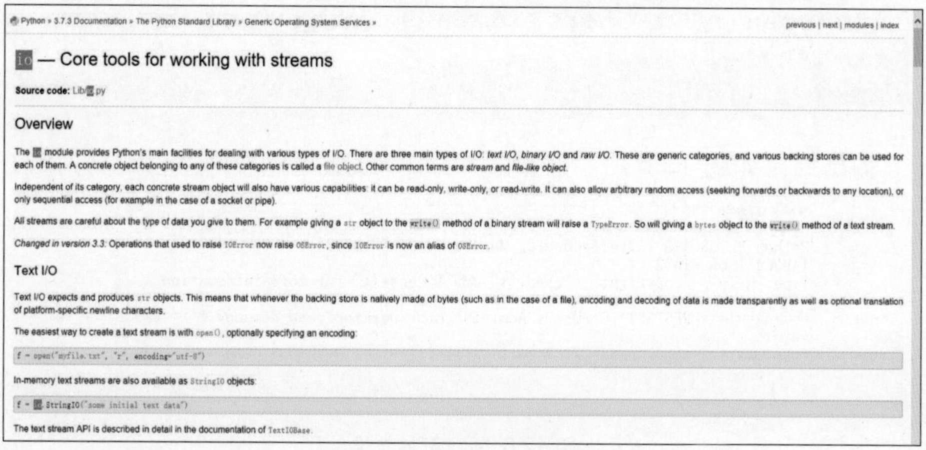

图 12.4 Python 的帮助文档

上面的帮助文档可能有点生涩难懂，但是我们大致能看懂文本 I/O 简单的用法。同时，还可以知道在文本 I/O 中有一个 open 函数。这也是我们阅读帮助文档后的收获。

接下来创建一个 demo.txt 文件，在文件中输入几句《长亭外古道边》的歌词，并尝试能否输出。

```
file=open("C:\Users\Administrator\Desktop\demo.
txt","r")
print(file)
```

当我们按 F5 键运行程序时，会发现图 12.5 所示的错误提示，提示有语法错误，那么哪些语法有错误呢？

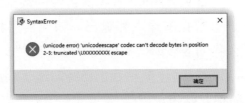

图 12.5 语法错误

在前面的章节中，我们学过"\"（反斜杠）表示转意符，比如"\n""\t"中的斜杠都有一定的意义，所以我们要使用双斜杠将转意取消。这样就不会报错了。不过这种方式也是比较烦琐的，我们还有更好的方式，即在路径字符串的最前面加一个字母 r, 表示取消转意。

```
file=open(r"C:\Users\Administrator\Desktop\demo.
txt","r")
print(file)
```

输出结果如图 12.6 所示。

```
Python 3.7.3 Shell                                              -  □  ×
File Edit Shell Debug Options Window Help
Python 3.7.3 (v3.7.3:ef4ec6ed12, Mar 25 2019, 22:22:05) [MSC v.1916 64 bit
(AMD64)] on win32
Type "help", "copyright", "credits" or "license()" for more information.
>>>
============ RESTART: C:/Users/Administrator/Desktop/read_demo.py ========
====
<_io.TextIOWrapper name='C:\\Users\\Administrator\\Desktop\\demo.txt' mode
='r' encoding='utf-8'>
>>> |
```

图 12.6 转意符的效果

当我们打印输出的时候并没有输出歌词，这是怎么回事呢？在程序的第 1 行为读取做准备，返回一个文件对象。然后通过文件对象调用 read 函数读取数据，并且会返回一个字符串对象。再将字符串对象打印输出，就能看到文件的内容了。

```
file=open(r"C:\Users\Administrator\Desktop\demo.
txt","r")
data=file.read()
print(data)
file.close()
```

输出结果如图 12.7 所示。

```
Python 3.7.3 Shell                                                    -  □  ×
File  Edit  Shell  Debug  Options  Window  Help
Python 3.7.3 (v3.7.3:ef4ec6ed12, Mar 25 2019, 22:22:05) [MSC v.1916 64 bit (AMD6
4)] on win32
Type "help", "copyright", "credits" or "license()" for more information.
>>>
============ RESTART: C:/Users/Administrator/Desktop/read_demo.py ============
长亭外古道边
芳草碧连天
长亭外
古道边
看时光化为云烟
晚风拂柳笛声残
又见夕阳山外山
```

图 12.7 输出诗词

补充说明：程序的第 1 行有两个 r，第 1 个 r 表示取消转意，第 2 个 r 表示读取文本文档；程序最后一行需要关闭读取，如果不关闭就会造成资源的浪费。所以读写文件都要关闭 I/O 通道。观看下面文件读取的流程图，我们将会对文件的读取有更加深入的了解。

12.3 写入文件

如果我们想给原来的文件增加一句歌词，应该如何做呢？这就涉及文件的写入，文件的写入和文件的读取一样，同样需要使用 open 函数，只不过是第 2 个参数会有所不同，读取文件使用 read 单词的首字母表示，写入文件使用 wirte 单词的首字母表示。最后将 read 函数更改为 write 函数，将 write 函数的参数设为要增加的歌词字符串即可。

```
file=open(r"C:\Users\Administrator\Desktop\demo.
txt","w")
data=file.write("长亭外古道边")
file.close()
```

文件结果如图 12.8 所示。

图 12.8 写入内容

我们可以通过代码读取输出文件，也可以直接打开文件。打开文件后，会发现我们并没有在原来的基础上增加，而是清除原来的歌词文档之后再进行添加的。我们应该在保证原来的文件不变的基础上增加一行代码。将第 2 个参数 w 替换为 a，表示 append（追加）的意思。

```
file=open(r"C:\Users\Administrator\Desktop\demo.
txt","a")
data=file.write("\n--- 长亭外古道边 ---")
file.close()
```

"\n" 表示换行符，"---" 没有任何意义，只是为了区别增加的是哪一行。如果我们增加的字符串所在的文件不存在，那么会发生什么情况呢？

```
file=open(r"C:\Users\Administrator\Desktop\demo2.
txt","a") data=file.write("--- 长亭外古道边 ---")
file.close()
```

这个路径是存在的，但是这个路径下的 demo2 文件并不存在，我们运行程序之后会发现桌面上多了一个 demo2 文件，说明在写入文件时，如果文件不存在就会重新创建一个文件再写入。可以用以下图示表示文件的写入。

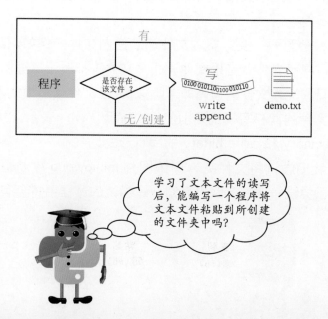

```
file=open(r"C:\Users\Administrator\Desktop\demo.
txt","r")
data=file.read()
file.close()
file=open(r"C:\Users\Administrator\Desktop\ABC\demo_
abc.txt","w")
data=file.write(data)
file.close()
```

　　注意：ABC 这个文件夹是我们自己创建的。运行之后就会发现在 ABC 文件夹中出现了一个新的文件 demo_abc.txt。这个文件内容和桌面上的 demo.txt 文件是一样的。这就是文本文件的复制粘贴。

12.4　二进制文件读写

　　上一节我们学习了文本文件的读写，并且能够利用读和写的操作对文本文件进行粘贴复制。如果这个文件不是文本文件，而是图片或者视频文件，是否能利用文本文件的读写操作进行文件的复制和粘贴呢？如果不能，为什么不能？

文件一共分为两大类：文本文件和二进制文件。例如，txt 文件就属于文本文件；视频文件、音乐文件、图片文件等都属于二进制文件。二进制文件的读写和文本文件的读写非常类似，只是文件读写模式发生了变化。

二进制文件的读和写模式分别使用"rb"和"wb"表示，"rb"和"wb"分别是 read binary 和 write binary 的缩写形式。

接下来我们尝试将文件夹 A 中的图片 minipy.png 复制粘贴到文件 B 中。首先自己尝试一下，实践出真知，在尝试的过程中将会有很大提升。

```
file=open(r"C:\Users\Administrator\Desktop\A\minipy.
png","rb")
data=file.read()
file.close()
file=open(r"C:\Users\Administrator\Desktop\B\minipy.
png","wb")
data=file.write(data)
file.close()
```

程序运行完成之后，B 文件夹中的 minipy.png 图片文件和文件夹 A 中的 minipy.png 文件是一样的，实际计算机的操作系统也是采用这种方式进行文件复制粘贴的。

总结时刻

我们已经对文件和二进制文件的读写进行了详细的讲解，现在对所学知识进行梳理。回顾是非常必要的，孔子说过"温故而知新，可以为师矣"。

赶快来总结吧！

复制粘贴文件格式：

文件名 =open（r" 文件地址 "," 读取文件模式 "）

数据名 = 文件名 .read() 文件名 .close() # 关闭读取

文件名 2=open（r" 文件地址 2"," 写入文件模式 2"）

数据名 2= 文件名 2.write（要写入的对象）

文本文件读写模式	简写形式	二进制文件读写模式	简写形式
read	r	read binary	rb
write	w	wirte binary	wb

12.5 | 大牛挑战赛

1. 创建一个文本文件，命名为 poetry.txt。写一首古诗，将其打印出来，并且在代码中为古诗增加一个解释说明，完成之后将这个文件放在文件夹 A 中。

2. 从键盘输入一个字符串，先将小写字母全部转换成大写字母，然后输出到一个命名为 Capital.txt 的文件中。

第13章 异常处理

本章我们将学习关于异常的一些操作，包括什么是异常、异常的用途、异常的处理方法以及自定义异常方法。

13.1 什么是异常

在编写程序运行的时候，经常会由于各种各样的原因出现报错提示，这些报错提示就是异常。异常提示我们要解决程序执行过程中的问题。如果我们运行以下程序，就会报异常。

```
a=100
print(a)
print(b)
```

程序异常如图 13.1 所示。

```
Python 3.7.3 Shell                                          —  □  ×
File Edit Shell Debug Options Window Help
Python 3.7.3 (v3.7.3:ef4ec6ed12, Mar 25 2019, 22:22:05) [MSC v.1916 64
bit (AMD64)] on win32
Type "help", "copyright", "credits" or "license()" for more informatio
n.
>>>
=============== RESTART: C:/Users/Administrator/Desktop/abc.py =======
========
Traceback (most recent call last):
  File "C:/Users/Administrator/Desktop/abc.py", line 2, in <module>
    print(b)
NameError: name 'b' is not defined
>>>
```

图 13.1 异常提示

我们可以一眼看出这个程序的问题在哪里。输出打印变量 b 时，程序找不到这个变量，所以会报异常。如果我们看不出程序出现了什么异常，可以从 shell 输出中看到异常信息。这个异常信息的意思是：名称错误，名称 "b" 找不到。一旦出现异常，程序就终止了，后面正确的代码也不会执行了，所以我们要对异常进行处理，保证前面发生了程序异常，不会影响后面的代码执行。

异常有很多种类型，我们只有知道了异常的类型，才能对异常做出准确的判断，迅速知道程序哪里出现了问题。异常的类型如下：

NameError

变量名错误，没有定义变量就使用了。

SyntaxError

语法错误，少了冒号、没有空格等会出现此异常。

IOError

做文件操作的时候遇到的异常，一般是找不到文件了。

Zero DivisionError

在做数据处理和计算的时候会出现这个错误，一般是 0 做除数。

IndentationError

缩进会出现此问题，Python 中有严格的缩进要求。

异常和错误是不一样的，错误分为两大类：语法错误、逻辑错误。语法错误是不符合 Python 的语法造成的；发生逻辑错误时，程序不会报错，但结果和预期不符；发生异常时是可以运行的，但是运行过程中会遇到问题，使程序意外退出。

13.2 | 处理异常

我们已经知道了什么是异常，接下来就学习一下使用关键字 try 和 except 进行异常处理。

```
a=100
try:
    print(b)
except Exception as e:
    print(e)
print(a)
```

执行结果如图 13.2 所示。

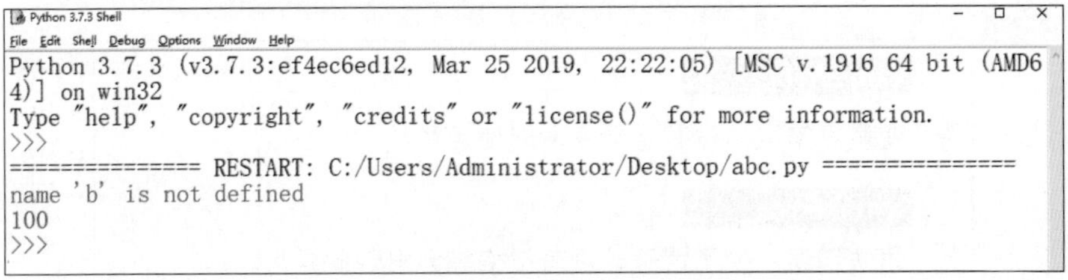

```
Python 3.7.3 Shell
File Edit Shell Debug Options Window Help
Python 3.7.3 (v3.7.3:ef4ec6ed12, Mar 25 2019, 22:22:05) [MSC v.1916 64 bit (AMD6
4)] on win32
Type "help", "copyright", "credits" or "license()" for more information.
>>>
================ RESTART: C:/Users/Administrator/Desktop/abc.py ================
name 'b' is not defined
100
>>>
```

图 13.2 处理异常

当我们使用 try 和 except 关键字时，会发现能正常输出变量 a 的值，并且也能将异常信息打印输出。这是如何做到的呢？关键字 try 用于放置可能出现异常的代码。except 与 try 是对应关系，用 except 来捕获 try 中出现异常的代码，并进行处理。except 可以处理一个专门的异常，也可以处理一组圆括号中的异常，如果 except 后没有指定异常，就默认处理所有的异常。每一个 try 都必须至少有一个 except 相匹配。图 13.2 对应的代码中 Exception 就是指处理所有的异常信息。所有的异常信息变量为 a。

如果我们要处理指定的异常信息，可以这样写：

```
a=100
try:
    print(b)
except(NameError,ZeroDivisionError)as e:
    print(e)
print(a)
```

我们将 Exception 更换为更加具体的异常类型，这样 except 只能处理这两种异常信息，其他异常信息无法处理。

下面有一段遍历列表并进行除法运算的代码，该如何处理异常信息？

```
lists=[12,44,6678,3,0,34,"b",99]
for i in lists:
    print(i)
    a=3/i
    print(a)
```

因为列表项当作除数，而 0 是不能做除数的、字符串是不能参与运算的，所以程序执行到列表项 0 就会报异常信息，不会再继续执行了。我们可能不知道是什么类型异常，没有关系，可以使用关键字 try 和 except 捕获和输出异常信息：

```
lists=[12,44,6678,3,0,34,"b",99]
for i in lists:
    # print(i)
    try:
        a=3/i
        print(a)              # 放置出现异常语句
    except Exception as e:
        print(e)              # 输出异常信息
```

执行结果如图 13.3 所示。

```
Python 3.7.3 Shell                                              —   □   ×
File  Edit  Shell  Debug  Options  Window  Help
Python 3.7.3 (v3.7.3:ef4ec6ed12, Mar 25 2019, 22:22:05) [MSC v.1916 64 bit (AMD6
4)] on win32
Type "help", "copyright", "credits" or "license()" for more information.
>>>
================ RESTART: C:/Users/Administrator/Desktop/abc.py ================
0.25
0.06818181818181818
0.0004492362982929021
1.0
division by zero
0.08823529411764706
unsupported operand type(s) for /: 'int' and 'str'
0.030303030303030304
>>> |
```

图 13.3 捕获异常并输出

从上面程序执行的结果可以看出，3/i 将能输出的结果全部输出，无法输出报异常的结果已经将异常信息输出，并且没有影响后面程序的执行。

如果在 except 最后加一个 else 语句，程序会如何执行呢？ else 语句中的代码块什么时候会执行？

```
lists=[12,44,6678,3,0,34,"b",99]
for i in lists:
    # print(i)
    try:
        a=3/i
        print(a)
    except Exception as e:
        print(e)  # 输出异常信息
    else:
        print("我什么时候执行呢？")
```

当 try 中不出现异常信息的时候会执行 else 中的代码块，如果出现异常信息，就会给 except 执行。else 语句如果更换为 finally，那么不管是否有异常会执行，一般在最后关闭资源的时候都会用到。

接下来我们对所学的异常处理做一下梳理。

```
try:
可以报错或者出现异常的代码

except Exception as e:
捕获 try 代码中的异常，Exception 就是所捕获的异常
e 可以当成 Exception 的小名

else:
没有异常的时候会执行

finally:
不管有没有异常都要执行
```

13.3 自定义异常

　　Python 中定义了很多标准异常，但是要应对复杂的编程环境还远远不够，所以 Python 允许我们自己定义异常类型，可以通过 raise 语句实现。自定义的异常属于 Exception 类的子类。接下来我们就以获取用户输入的数字列表并判断列表的长度是否大于 5 为例。如果不大于 5 就抛出异常。

```python
strs=input("请输入一组有空格的数字")
lists=strs.split(" ")
if len(lists)>=5:
    print(lists)
else:
    # 创建异常对象
    e=Exception("列表长度少于5")
    # 抛出异常
    raise e
```

　　当输入的列表长度大于 5 时候会将列表输出，而当输入的列表长度小于 5 时会报异常，并会给出我们所设定的提示，如图 13.4 所示。

```
Python 3.7.3 Shell                                            —   □   ×
File  Edit  Shell  Debug  Options  Window  Help
Python 3.7.3 (v3.7.3:ef4ec6ed12, Mar 25 2019, 22:22:05) [MSC v.1916 64 bit (AMD6
4)] on win32
Type "help", "copyright", "credits" or "license()" for more information.
>>>
=============== RESTART: C:/Users/Administrator/Desktop/abc.py ===============
请输入一组有空格的数字12 355 1 2
Traceback (most recent call last):
  File "C:/Users/Administrator/Desktop/abc.py", line 9, in <module>
    raise e
Exception: 列表长度少于5
>>>
```

图 13.4 自定义异常的提示

　　自定义异常是不是特别简单？这里只有两行代码：第 1 行创建异常对象，并传递参数（我们要设定的提示字符串）；第 2 行代码使用 raise 关键字后跟一个异常对象。raise 在英文中表示抛出的意思，如果执行了 else 语句，就将异常抛出。

自定义处理异常虽然很简单，但是也要认真梳理、总结。知识是一连串的，如果能将所学的知识都串起来，那么以后在应用的时候就会非常方便。

随堂小练习

让用户任意输入一组数据。数据之间有空格，便于转化为列表。将列表中所有能转化为 int 整型数据的元素进行强转，并存储在一个新列表中，再将新列表输出。

```python
strs=input("请输入一组数据")  # 获取用户输入数据
lists=strs.split(" ")
new_lists=[]# 创建一个空列表
for i in lists:# 循环转化列表
    try:
        ent=int(i)
    except Exception as e:
        print(e)
    else:# 将能转化的元素放在列表中
        new_lists.append(element)

print(new_lists)
```

以下是读取复制粘贴文件的操作，如果所读取的文件不存在，该如何处理异常？

```python
file=open(r"C:\Users\Administrator\Desktop\demo.txt","r")
data=file.read()
file.close()
file=open(r"C:\Users\Administrator\Desktop\ABC\demo_abc.txt","w")
data=file.write(data)
file.close()
```

参考答案如下所示

```
file=None
data=None
file1=None
try:
    file=open(r"C:\Users\Administrator\Desktop
    \demo.txt","r") data=file.read()
except Exception as e:
    print(e)

finally:
    if file:
        file.close()
try:
    file1=open(r"C:\Users\Administrator\Desktop
    \demo1.txt","w") data1=file1.write(data)
except Exception as e:
    print(e)
finally:
    if file1:
        file1.close()
```

我们在读代码的时候可能会有一些疑惑。第一个疑惑：开头为什么定义了 3 个全局变量？思考一下 try 语句里面的变量 file 和 file1 能不能直接使用。显然是不能直接使用的，它只能在 try 语句里面起作用，属于局部变量。我们在外部重新定义值为 None 的变量，它们就成为全局变量，之后我们在其他的作用域空间才能够使用。第二个疑惑：在 finally 里面为什么要加判断？如果 file 和 file1 的值为 None，我们是无法调用 close 函数的，只有 file 和 file1 有值才有关闭通道的必要，所以有值的时候才会执行。

13.4 大牛挑战赛

1. 总结什么是异常、异常是如何进行处理的，以及如何自定义异常。

2. 编写一个复制和粘贴视频文件的程序，并对程序进行异常处理。

3. 编写一个程序，让用户输入一组数据（带有空格），并将所输入的数据转化为列表，然后对列表项进行筛选，将列表中整型元素放到一个新列表中，再判断列表元素中有哪些整数能同时被 2 和 3 整除，最后进行异常处理。

附 录 全书最后练习

我们已经学完了基础的 Python 知识，现在就来回顾总结一下。

一、填空题

1. Python 是一种 _____ 编程语言，发明人是 _____。

2. 按 _____ 键可以在计算机上输入 >=；按 _____ 键可以在计算机上输入 #。

3. 运算符 2%3 表示 _____；2%3+2%3==5 的结果是 _____。

4. 列表中每一个数值叫 _____ 或 _____，列表的长度使用 _____ 函数表示；列表的元素下标从 _____ 开始。

5. 单行注释使用 _____ 表示，多行注释使用 _____ 表示。

6. range 函数中如果有 3 个参数，那么这 3 个参数分别表示什么？第一个参数表示 _____；第二个参数表示 _____；第三个参数表示 _____。

7. 停止本次循环的关键字是 _____；终止循环的关键字是 _____。

8. sort 升序排序函数中的参数是 _____。

9. 编程中的字典有 _____、_____、_____ 元素构成。

10. 在 from max_num import max_number 中，_____ 参数是文件名，_____ 参数是函数名。在 from max_num import * 中，星号表示 _____。在 import max_num as m 中，m 表示 _____。

11. 在程序中有两种重要的编程思想，分别是 _____ 和 _____。

12. 类是编程中非常重要的概念，一个类一般包括 _____ 和 _____ 两部分内容。类的三大特性是 _____、_____、_____。

二、判断题

1. Python 2 和 3 是相互兼容的。（　　）

2. Python 严格区分大小写，并且严格空格格式。（　　）

3. 一个程序能使用 for 循环就一定能使用 while 循环。（　　）

4. 全局变量在整个作用域都起作用。（　　）

5. 编程中字典的 key 和 value 都能重复。（　　）

6. 空列表对象的布尔值是 False。（　　）

7. 当我们创建了两个对象的时候，__init__ 执行两次。（　　）

8. 我们可以创建一个对象而不使用类。（　　）

9. object 是所有类的父类，所有类是它的派生类。（　　）

10. 只要创建对象构造方法就会执行。（　　）

三、选择题

1. 以下哪些输出语法是正确的？（　　）

```
A.print(hello world)
B.print( "Hello world" )
C.print(" Hello world")
D.print(' Hello world')
```

2. Python 不支持的数据类型有（　　）。

```
A.char
B.int
C.float
D.False
```

3. 以下输出正确的是（　　）。

```
x="Tony"          A.Tony
y=10              B.Tony10
print(x+y)        C.TypeError
```

4. 以下哪些是不合法的布尔表达式？（　　）

```
A.4=d
B.x in range(10)
C.a>9 and 9==f
D.None==False
```

5. 以下哪些不能创建一个字典？（   ）

```
A.dic1={(3,4,5):[12,454,22]}
B.dic2={[12,454,22]:(3,4,5)}
C.dic3={}
D.dic4={True:2<5}
```

6. 执行下面的程序框图，输出的 s 值为（   ）。

A.1
B.2
C.3
D.4

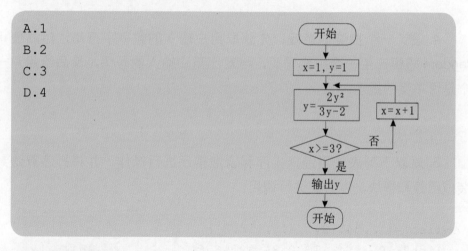

四、解答题

1. 将以下数据按照数据类型进行分类。先手动分类，再编写一个分类的程序。

```
12   ab   "help"   22   "23"   0   3m   True   true
```

2. 如果小明的成绩不低于 90 分，妈妈就赠送小名一台笔记本电脑；如果成绩不低于 80 分，妈妈就奖励一本《青少年学 Python》编程手册；

如果成绩不低于 60 分，妈妈就奖励一顿美餐；如果低于 60 分，小明就需要背诵三首古诗。

根据以上逻辑关系画出程序流程图，然后根据程序流程图使用代码设计以上程序。

3. 编写一个程序，输出以下内容。

```
      *
     ***
    *****
   *******
```

4. 设计一个抽奖的游戏：先获取用户输入的数字字符串，然后使用 random 随机产生一个中奖号码，再对比用户输入的号码，最后给用户一个是否中奖的提示。

5. 对以下列表使用选择排序和冒泡排序进行操作，并将排序算法封装成函数和模块，以方便进行调用。

```
list1=[12,34,12,0,415,112,2];
list2=[9,345,1,12,0,34,89,56,6]
```

6. 获取下列字典中所有的 key 和 value，并将获取的所有 key 和 value 值放在列表中，封装为方法，以便于调用。

```
qq_number={"892452047":" 龙老师 ",
           "41554844":" 菩提树 ",
           "4645444":" 大王巡山 ",
           "22001101":" 叶落知秋 ",
           "463450000":"py 王子 "}
```

7. 下面的列表能组成多少种互不相同且不重复的两位数？

```
number=[1,2,3,4,5,6,7,8,8]
```

8. 先创建一个学生的类 Student，学生类的属性有姓名、年龄、班级，学生的行为有读书和运动；再创建一个人的类 Person，Person 类的属性有姓名、性别、职业，Person 类的行为有饮食、运动、学习。Student 类继承了 Person 类，并且创建 Student 对象。调用父类的方法和子类的方法。

9. 使用海龟绘图绘制以下图案。要求图案的尺寸在 500~800 像素之间。

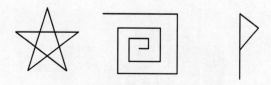

10. 使用 pygame 设计一个壁球反弹的小游戏。

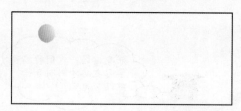

11. 在二进制文件中通过读写进行复制粘贴操作时，如果所读取的文件不存在，该如何处理异常？

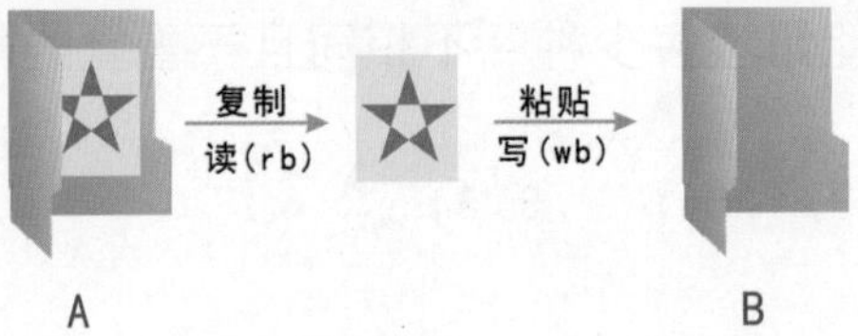
复制
读(rb)
粘贴
写(wb)
A
B

12. 用 Python 编写一个程序，输入年份，判断该年份是否是闰年（能被 4 整除但是不能被 100 整除的是闰年）并输出结果。

13. 设计一个猜数字游戏，随机从 0~20 之间取一个整数，让用户猜一猜并输入所猜的数，如果大于随机数的值，使用 GUI（图形用户界面 ,Graphical User Interface）给用户一个提示，比如“太大”，反之则提示“太小”，一直循环，直到用户猜中数字为止。

1
2
3
2

任重道远，我们的编程学习之路才刚刚开始，继续努力哦！